統計的因果探索

Causal Discovery

清水昌平

講談社

■ 編者
杉山　将　博士（工学）
理化学研究所 革新知能統合研究センター センター長
東京大学大学院新領域創成科学研究科 教授

■ シリーズの刊行にあたって

　インターネットや多種多様なセンサーから，大量のデータを容易に入手できる「ビッグデータ」の時代がやって来ました．現在，ビッグデータから新たな価値を創造するための取り組みが世界的に行われており，日本でも産学官が連携した研究開発体制が構築されつつあります．

　ビッグデータの解析には，データの背後に潜む規則や知識を見つけ出す「機械学習」とよばれる知的データ処理技術が重要な働きをします．機械学習の技術は，近年のコンピュータの飛躍的な性能向上と相まって，目覚ましい速さで発展しています．そして，最先端の機械学習技術は，音声，画像，自然言語，ロボットなどの工学分野で大きな成功を収めるとともに，生物学，脳科学，医学，天文学などの基礎科学分野でも不可欠になりつつあります．

　しかし，機械学習の最先端のアルゴリズムは，統計学，確率論，最適化理論，アルゴリズム論などの高度な数学を駆使して設計されているため，初学者が習得するのは極めて困難です．また，機械学習技術の応用分野は非常に多様なため，これらを俯瞰的な視点から学ぶことも難しいのが現状です．

　本シリーズでは，これからデータサイエンス分野で研究を行おうとしている大学生・大学院生，および，機械学習技術を基礎科学や産業に応用しようとしている大学院生・研究者・技術者を主な対象として，ビッグデータ時代を牽引している若手・中堅の現役研究者が，発展著しい機械学習技術の数学的な基礎理論，実用的なアルゴリズム，さらには，それらの活用法を，入門的な内容から最先端の研究成果までわかりやすく解説します．

　本シリーズが，読者の皆さんのデータサイエンスに対するより一層の興味を掻き立てるとともに，ビッグデータ時代を渡り歩いていくための技術獲得の一助となることを願います．

2014 年 11 月

「機械学習プロフェッショナルシリーズ」編者

杉山 将

■ まえがき

　この本は，統計的因果探索の入門書です．**統計的因果探索 (causal discovery)** というのは，データから因果関係を推測するための機械学習技術です．機械学習プロフェッショナルシリーズのコンセプトである「手に取りやすいページ数で，大事な点を簡潔丁寧にまとめる」ように努めました．新しく研究室に所属したデータサイエンスに関する理工系および社会科学系の4回生に説明していくという設定で書いています．学生がひとりで，ひとまず最後まで読み切ることのできる本にすることを，ねらいました．卒業研究のテーマを探しているときや，または一歩進んで統計的因果探索をテーマとして検討しているときに，最初に読んでみる本として使っていただければ幸いです．もちろん，それ以外の方が，統計的因果探索の概要をつかむためにも使っていただけると思います．

　ここでは，統計的因果探索の目的を1つの例で説明します．今はお正月で，あなたはこれから新年会に行くとしましょう．ウコンを飲めば，どのくらい二日酔いが楽になるのかが気になっています．ウコンを飲んだときに二日酔いが楽だったとしても，ウコンを飲まなくても楽だったかもしれません．ウコンを飲んでしんどくても，飲まなければもっとしんどかったかもしれません．ウコンを飲んだときと飲まなかったときとで，症状を比較できればよいのですが，タイムマシンでも使わなければ，それは不可能です．

　この問題をデータの力を借りて解決しようとするのが，統計的因果探索を含む**統計的因果推論 (causal inference)** という分野です．要は，データ上であなたの「そっくりさん」を探してきて，ウコンを飲んだあなたと飲まなかったあなたを仮想的に比較すればよいのです．ただし，一卵性双生児ほどそっくりでなくてもよい可能性があります．性別だけ同じならよいのかもしれません．または，性別と年齢が同じならよいのかもしれません．何が同じなら比較してよいのか，そして逆に，何が同じ場合に比較してはだめなのかを教えてくれるのが，統計的因果推論の理論です．

　そして，どれが同じなら比較してよいのかが完全にわからなくても，そろえるべき属性のデータがすべては観測されていなかったとしても，はたま

た，そもそも時間的順序がわからなかったとしても，ウコンの効き目を事前に予測しようという野心的な試みをしているのが，統計的因果探索という分野です．

本書を執筆している 2017 年 4 月現在，この試みが完全に成功に達したとはいえませんが，着実に発展を続けており，少しずつ実用に近づきつつあります．本編では，統計的因果探索の基本的かつ主要なアイデアを解説していきます．そして，最近登場した LiNGAM 法とよばれるアプローチについて詳しく説明します．

本書の執筆の機会をくださった編者の東京大学 杉山将さん，査読者を引き受けてくださった横浜国立大学 黒木学さん，京都大学 大塚淳さんに感謝いたします．多くの有益なコメントをいただきました．

また本書の内容は，私がこれまでに行ったチュートリアル講演が基になっています．たとえば，第 23 回情報論的学習理論と機械学習研究会 (IBISML)，日本社会心理学会 第 3 回春の方法論セミナー，2015 年日本生態学会関東地区会シンポジウム，数学協働プログラムワークショップ 確率的グラフィカルモデル，日本行動計量学会 第 40 回大会，The 26th Conference

図 0.1　執筆期間中の筆者．

on Uncertainty in Artificial Intelligence (UAI2010) などです．スライドは `http://www.slideshare.net/sshimizu2006` にあります．これらチュートリアルの機会をくださった，東京大学 津田宏治さん，関西学院大学 清水裕士さん，電気通信大学 植野真臣さん，国立環境研究所 林岳彦さん，カーネギーメロン大学 Peter Spirtes さんに，この場を借りてお礼申し上げます．

2017 年 4 月

清水昌平

目 次

- シリーズの刊行にあたって iii
- まえがき v

第 1 章　統計的因果探索の出発点 1

1.1　はじめに 1
1.2　因果探索における最大の困難：擬似相関 3
1.3　擬似相関の数値例 7
1.4　本章のまとめ 14

第 2 章　統計的因果推論の基礎 15

2.1　導入 15
2.2　反事実モデルによる因果の定義 16
　　2.2.1　個体レベルの因果 16
　　2.2.2　因果推論の根本問題 19
　　2.2.3　集団レベルの因果 20
2.3　構造方程式モデルによるデータ生成過程の記述 22
2.4　統計的因果推論の枠組み：構造的因果モデル 27
　　2.4.1　集団レベルの因果の表現 27
　　2.4.2　因果効果の大きさの定量化 31
　　2.4.3　個体レベルの因果の表現 34
　　2.4.4　出来事の説明 37
2.5　ランダム化実験 40
2.6　本章のまとめ 44

第 3 章　統計的因果探索の基礎 45

3.1　動機 45
3.2　因果探索の枠組み 47
3.3　因果探索の基本問題 48
3.4　因果探索の基本問題への 3 つのアプローチ 51
　　3.4.1　ノンパラメトリックアプローチ 51
　　3.4.2　パラメトリックアプローチ 52
　　3.4.3　セミパラメトリックアプローチ 53
3.5　3 つのアプローチと識別可能性 57
　　3.5.1　未観測共通原因がない場合の基本的な問題設定 61
　　3.5.2　未観測共通原因がなく線形の場合の基本的な問題設定 ... 65

3.5.3 ノンパラメトリックアプローチと識別可能性	74
3.5.4 パラメトリックアプローチと識別可能性	81
3.5.5 セミパラメトリックアプローチと識別可能性	84
3.6 本章のまとめ	86

第 4 章 LiNGAM … 87

4.1 独立成分分析	87
4.2 LiNGAM モデル	95
4.3 LiNGAM モデルの推定	106
4.3.1 独立成分分析によるアプローチ	106
4.3.2 回帰分析と独立性評価によるアプローチ	111
4.4 本章のまとめ	122

第 5 章 未観測共通原因がある場合の LiNGAM … 125

5.1 未観測共通原因による難しさ	125
5.2 未観測共通原因がある LiNGAM モデル	128
5.3 未観測共通原因は独立と仮定しても一般性を失わない	130
5.4 独立成分分析に基づくアプローチ	131
5.5 混合モデルに基づくアプローチ	137
5.5.1 モデルを観測ごとに書き直す	137
5.5.2 対数周辺尤度でモデルのよさを評価	140
5.5.3 事前分布	144
5.5.4 数値例	145
5.6 多変数の場合	149
5.7 本章のまとめ	150

第 6 章 関連の話題 … 153

6.1 モデルの仮定を緩める	153
6.1.1 巡回モデル	153
6.1.2 時系列モデル	157
6.1.3 非線形モデル	160
6.1.4 離散変数モデル	161
6.2 モデル評価	162
6.3 統計的信頼性評価	163
6.4 ソフトウェア	163
6.5 おわりに	165

■ 参考文献	167
■ 索 引	179

Chapter 1

統計的因果探索の出発点

本章では，統計的因果探索の出発点について話します．何が目的で，どこがどう難しいのかを説明します．

1.1 はじめに

　国ごとのノーベル賞の受賞者数（100万人あたり）とチョコレートの消費量（1人あたり）には正の相関があるとの報告があります[61]．そのため，チョコレートの消費量の多い国なら，ノーベル賞を多くとりそうだという予測をすることができます．ノーベル賞を多くとっている国なら，チョコレートの消費量が多い，つまりチョコレートをたくさん食べていそうだという予測もできます．

　2017年1月現在，大きな注目を集めている深層学習は，このような予測をビッグデータを用いて行います．各種のソフトウェアが整備され，専門家でなくても電子工作のように一般の人たちが深層学習をやってみることができるようにさえなっています．深層学習によって，非専門家でも未来を高精度に予測できるようになりつつあるのです．

　しかしながら，現在の深層学習は，未来を変えるにはどうしたらよいかということは教えてくれません．ノーベル賞受賞者数を増やすにはどうしたらよいのでしょう．チョコレートを国民にもっとたくさん食べさせれば，もっとノーベル賞をとれるのでしょうか．どのくらい増えるのでしょうか．そのような問いには，深層学習は答えてくれません．

典型的なビッグデータに医療データがあります．インターネットのニュースを見れば，各種の医療情報が配信されています．たとえば，ある疫学調査によると，「睡眠時間が長すぎても短すぎても，抑うつ気分になりやすい」そうです[48]．

しかし，この調査結果を基に，「抑うつ気分にならないように，ほどほどに眠りましょう！」と意思決定するのは早計です．「チョコレートをたくさん食べればノーベル賞をとれる！」と考えるのと同じことです．

また，筋肉疲労時には血中の乳酸濃度が高いそうです．ここから乳酸が疲労の原因と考えられてきましたが，実は乳酸は疲労を和らげる物質だったという報告があります[73]．

これらの例において，適切な意思決定をするためには，**統計的因果推論**の技術が必要です．現在の深層学習では，因果推論を行いません．ここでいう因果関係とは，「チョコレートの消費量を増やせば，ノーベル賞の受賞者数が増える」というような変化を伴う関係です．「何かを変化させたときに，何が起こるか」というように変化に着目するところに特徴があります．

人々が期待するのは，たとえば，「自分の日常の行動をどう変化させれば，もっと健康になるか」というような健康を増進するための情報ですが，多くの場合，「こういう行動をしている人は健康です」あるいは「こういう行動をしている人は不健康です」という情報しか提供されません．行動を変化させた場合に何が起こるかという情報が欠けています．「チョコレートの消費量が多ければ，ノーベル賞受賞者が多い」ことがわかったとしても，「チョコレートの消費量を増やせば，ノーベル賞受賞者が増える」とは限りません．

現在，統計的因果推論の技術は，機械学習および統計学の分野で急速に研究が進んでいます[71,73,97]．もし，あなたが，「何かを変化させたときに，ほかの何かがどう変化するか」を予測したいなら，統計的因果推論の出番です．現在の深層学習の研究をそのまま推し進めても，このような予測ができるようにはなりません．

本書で解説する**統計的因果探索**は，統計的因果推論の技術の1つです．たとえば，チョコレートの消費量とノーベル賞の受賞者数の因果関係が未知のときに，それらのデータから，「もしチョコレートの消費量を増やせば，どのくらいノーベル賞受賞者が増えるのか」という因果効果の大きさを予測するための機械学習技術です．因果関係が未知の場合を対象にしている点が特色

です．古典的な統計的因果推論が，因果関係が既知の場合を主な対象にしていることとは対照的です．次節では，因果関係が未知であるために生じる難しさについて説明します．

1.2 因果探索における最大の困難：擬似相関

さて，先ほどの「チョコレートの消費量とノーベル賞の受賞者数には正の相関がある」という報告 [61] は，米国やベルギー，日本を含む 23 カ国についての調査です．チョコレートの消費量とノーベル賞の受賞者数として，それぞれの国での 1 人あたりの年間チョコレート消費量と人口 1,000 万人あた

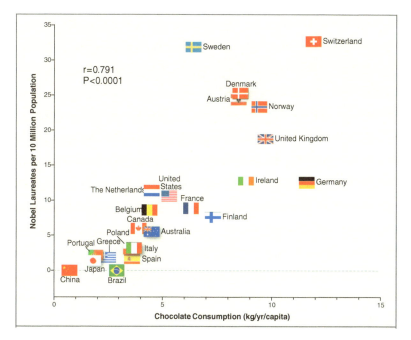

図 1.1 チョコレートの消費量とノーベル賞の受賞者数の散布図．出典：Franz H. Messerli, Chocolate Consumption, Cognitive Function, and Nobel Laureates. *New England Journal of Medicine* (367), 1563, Figure 1, Massachusetts Medical Society, 2012.

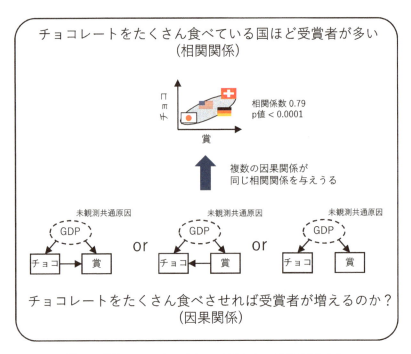

図 1.2 複数の因果関係が同じ相関関係を与える可能性があります．

りのノーベル賞の受賞者数が用いられています．

図 1.1（前ページ）は，その 23 カ国のチョコレートの消費量（年間 1 人あたり）とノーベル賞の受賞者数（人口 1,000 万人あたり）の散布図です．日本は，年間 1 人あたり，およそ 1.81kg のチョコレートを消費し，人口 1,000 万人あたり，およそ 1.28 人のノーベル賞受賞者がいるようです．

このデータでは，チョコレートの消費量とノーベル賞の受賞者数の相関係数は 0.79 でした．さらに，無相関の検定を行うと，p 値は 0.0001 未満でした．この検定の結果からすると，本当は相関係数が 0 だった場合，データから計算した相関係数の値がこれほど高い値になることは起こりにくいことのようです．

この相関の分析からは，チョコレートの消費量が多いほどノーベル賞の受賞者が多く，ノーベル賞の受賞者が多いほどチョコレートの消費量が多いと

いう傾向，つまり正の相関関係があることがわかります．通常の機械学習や統計学の方法は，この相関関係を利用して，「チョコレートの消費量が多い国ならば，ノーベル賞の受賞者数が多いだろう」という予測や「ノーベル賞の受賞者が多い国ならば，チョコレートの消費量が多いだろう」という予測をします．

ただ，「チョコレートの消費量が多ければ，ノーベル賞の受賞者数が多い」という相関関係があるからといって，「チョコレートの消費量を増やせば，ノーベル賞の受賞者数が増える」という因果関係があるとは限りません．同じ相関関係を与えるような因果関係が複数あるからです [60]．

たとえば，図1.2の下半分には，3種類の因果関係が図示されています．それぞれの図には，3つの変数があります．チョコレートの消費量（チョコ），ノーベル賞の受賞者数（賞），そして国内総生産 (GDP) の3つです．3種類の因果関係はまったく異なりますが，相関係数の値は同じになる可能性があります．

まず，図で使われている記号の意味を説明します．チョコと賞が四角で囲まれています．GDPが点線の楕円で囲まれています．四角で囲まれている変数は，観測されている変数であることを表しています．**観測変数 (observed variable)** とよびます．

観測されているというのは，データが収集される変数という意味です．また，点線の楕円で囲まれている変数は，未観測の，つまりデータが収集されない変数です．**未観測変数 (unobserved variable)** とよびます．矢印の有無は因果関係の有無を表しています．矢印の始点が原因の変数で，矢印の終点が結果の変数です．このような定性的な因果関係を表す図を**因果グラフ (causal graph)** とよびます．「因果効果の大きさがどのくらいか」というような定量的な情報は，因果グラフには含まれていません．

次に，それぞれの因果グラフが表す因果関係を説明します．図1.2左の因果グラフでは，矢印がチョコから出て，賞に入っているので，チョコが原因で賞が結果です．チョコレートの消費量を変化させると，ノーベル賞の受賞者数が変化するという関係を表しています．また，矢印がGDPから出て，チョコに入っているので，GDPが原因でチョコが結果です．そして，矢印がGDPから出て，賞にも入っているので，GDPが原因で賞が結果という関係も図示されています．

GDPは，チョコの原因でもあり，賞の原因でもあります．このような変数を**共通原因 (common cause)** とよびます．GDPを変化させると，チョコレートの消費量もノーベル賞の受賞者数も変化するという関係が表されています．さらに，GDPは未観測なので特に，**未観測共通原因 (hidden common cause)** とよびます．GDP以外にも未観測共通原因はありえます．むしろ，非常に多くの未観測共通原因があると考えられます．ここでは説明を簡単にするためにGDPのみを取り上げていると理解してください．

一方，同じ図1.2（4ページ）の中央の因果グラフでは，矢印が賞から出て，チョコに入っているので，賞が原因でチョコが結果です．左の因果グラフとは，原因と結果が入れ替わっています．ノーベル賞の授賞者数を変化させると，チョコレートの消費量が変化するという関係を表しています．GDPがチョコと賞の未観測共通原因である点は同じです．

最後に，右の因果グラフでは，チョコと賞の間には矢印がなく，因果関係はありません．そのため，チョコレートの消費量を変化させても，ノーベル賞の受賞者数は変化しません．また，ノーベル賞の授賞者数を変化させても，チョコレートの消費量は変化しません．ほかの2つの因果グラフと同様に，GDPは，チョコと賞の未観測共通原因です．GDPを増やしたり減らしたりすると，チョコレートの消費量もノーベル賞の受賞者数も増えたり減ったりします．

このように，3つの因果グラフが表す因果関係はまったく異なります．チョコと賞の間の因果の向きが逆だったり，そもそも因果関係がなかったりします．にもかかわらず，「チョコレートの消費量が多ければ，ノーベル賞の受賞者数が多い」という同じ相関関係が現れ，同じ相関係数の値になることがあります．

図1.2左の因果グラフのようにチョコが原因で賞が結果の場合には，たとえば「チョコレートの消費量を増やせば，ノーベル賞の受賞者数が増え」，結果的に「チョコレートの消費量が多ければ，ノーベル賞の受賞者数が多い」という相関関係が現れることがあります．

逆に，中央の因果グラフのように，賞が原因でチョコが結果の場合も，「ノーベル賞の受賞者数を増やせば，チョコレートの消費量が増え」，やはり「チョコレートの消費量が多ければ，ノーベル賞の受賞者数が多い」という相関関係が現れることがあります．

そして，右の因果グラフのようにチョコと賞の間に因果関係がなくても，GDPという共通原因のせいで，たとえば「GDPを増やせば，チョコレートの消費量もノーベル賞の受賞者数も増え」，それによって「チョコレートの消費量が多ければ，ノーベル賞の受賞者数が多い」という相関関係が現れることがあります．

つまり，同じ相関関係であっても，因果関係には大きな違いが生じることがあります．特に，因果関係にはないのに相関関係は現れてしまうという図1.2右のようなギャップ（隔たり）は，一般に，擬似相関とよばれます．ただ，本書では，擬似相関という用語をもう少し広い意味で使います．図1.2の左や中央のようなギャップも含めて，相関関係と因果関係のギャップを**擬似相関 (spurious correlation)** とよびます．

統計的因果探索の目的は，データから因果関係を推測することです．ただ，同じ相関係数を与えるような因果関係が複数あるので，どのような因果関係にあるのかを相関係数の値だけから推測することができません．ここが，因果探索の難しいところです．

1.3 擬似相関の数値例

ここまでは，因果グラフとよばれる図を使って説明してきました．次は，数値例を使って別の角度から説明します．

図1.2の3種類の因果グラフのうち，左の因果グラフでは，賞へ向かってチョコとGDPから矢印が入っています．これは，チョコとGDPは賞の原因であるという因果関係だけでなく，「ノーベル賞受賞者の数が，チョコレートの消費量とGDPによって決まる」という**データ生成過程 (data generating process)** も表しています．データ生成過程というのは，文字通り，データが生成される過程です．変数の「値」がどういう風に決まるのかという手順です．

データを生成する手順を説明するために便利なので，少し記号を使って書いてみましょう．ノーベル賞受賞者の数を y，チョコレートの消費量を x，そしてGDPを z で表します．これらの記号を使って描いた因果グラフを図1.3（次ページ）に示します．

図1.3左の因果グラフを例にとります．x, y, z 以外に e_x と e_y という記号

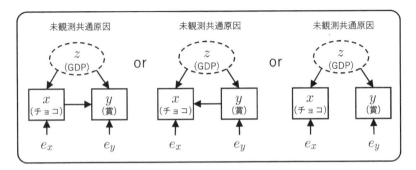

図 1.3 3種類の因果グラフ．チョコレートとノーベル賞の例では，x がチョコレートの消費量，y がノーベル賞の受賞者数，z が GDP に対応します．

で表される変数があります．e_x と e_y は，**誤差変数 (error variable)** とよばれます．まず，誤差変数 e_x と e_y が何を表すかを説明します．ノーベル賞受賞者の数 y は，チョコレートの消費量 x と GDP z のみで決まるわけではないでしょう．それ以外に，ノーベル賞受賞者の数を決める変数があるはずです．それらの変数をすべて1つにまとめて表すのが誤差変数です．誤差変数 e_x も，チョコレートの消費量 x を決める変数のうち，GDP z 以外の変数をすべて1つにまとめて表しています．

これらの記号を使うと，y のデータ生成過程とは，x, z, e_y の値が決まると，y の値がどのように決まるのかという手順です．さらに式で書くと，y のデータ生成過程は，たとえば

$$y = b_{yx}x + \lambda_{yz}z + e_y \tag{1.1}$$

と書けます．説明を簡単にするために，ひとまず，線形性を仮定しています．線形性というのは，変数 y の値が，変数 x と変数 z，そして誤差変数 e_y の値の足し算で書けるという性質です．y, x, z, e_y は確率変数で，b_{yx} と λ_{yz} は定数です．定数の添字は，1つめの文字が左辺の変数を，2つめの文字が対応する右辺の変数を表しています．たとえば，b_{yx} は，左辺の変数 y と右辺の変数 x をつなぐ定数なので，添字が yx です．なお，定数の記号に用いる文字は，b や λ 以外の文字でもかまいません．どの文字を使うかは，分野ごとの慣習によります．

式 (1.1) の右辺の x, z, e_y の値が決まると，y のデータ生成過程を表す式 (1.1) に従って，左辺の y の値が決まります．右辺で左辺を定義していると捉えてください．定数 b_{yx} の絶対値が大きいほど，y の値を決める上での x の寄与が大きくなり，定数 λ_{yz} の絶対値が大きいほど，z の寄与が大きくなります．

たとえば，ある国について，x の値が 1，z の値が 2，e_y の値が 3 だとすると，y の値は

$$y = b_{yx} \times 1 + \lambda_{yz} \times 2 + 3$$

と決まります．もし，定数 b_{yx} と λ_{yz} がどちらも 1 なら，y の値は

$$y = 1 \times 1 + 1 \times 2 + 3$$
$$= 6$$

になります．もし，定数 b_{yx} が 10 なら，

$$y = 10 \times 1 + 1 \times 2 + 3$$
$$= 15$$

となり，y の値を決める上での x の寄与が大きくなります．

次の章で詳しく説明しますが，b_{yx} の絶対値が大きいほど，x から y への因果効果の大きさは増します．つまり，b_{yx} の絶対値が大きいほど，x の値を変化させたときに，y の値は大きく変化しやすくなります．たとえば，x の値を 1 から 2 へ変化させたとき，$b_{yx} = 1$ の場合には，y は 1 増えますが，$b_{yx} = 10$ の場合には，10 増えます．

ノーベル賞受賞者の数と同様に考えることにすると，チョコレートの消費量 x のデータ生成過程は，

$$x = \lambda_{xz} z + e_x \tag{1.2}$$

と書けます．右辺の z と e_x の値が決まると，この式 (1.2) に従って，左辺の x の値が決まります．

式 (1.1) と式 (1.2) を合わせて，図 1.3 左の因果グラフが表すデータ生成過程は

$$x = \lambda_{xz}z + e_x$$
$$y = b_{yx}x + \lambda_{yz}z + e_y$$

という式で書けます.

このモデルが表しているのは,「観測変数 x の値は,未観測変数 z の値と誤差変数 e_x の値の線形和で決まり,観測変数 y の値は,観測変数 x の値,未観測変数 z の値,そして誤差変数 e_y の値の線形和で決まる」というデータ生成過程です.

では,このモデルが表すデータ生成過程に従って,実際にデータを生成してみましょう.定数 $b_{yx}, \lambda_{xz}, \lambda_{yz}$ の値を,$b_{yx} = 0.7, \lambda_{xz} = 0.3, \lambda_{yz} = 0.3$ とすると,式 (1.1)(8 ページ)と式 (1.2)(前ページ)の表すデータ生成過程は

$$x = 0.3z + e_x \tag{1.3}$$
$$y = 0.7x + 0.3z + e_y \tag{1.4}$$

となります.ここでは,確率変数 z, e_x, e_y は互いに独立だとします.独立なので,たとえば,z がどんな値をとるかは,e_x や e_y の値に無関係に決まります.

そして,z は平均が 0,分散が 1 のガウス分布に従っているとしましょう.また,e_x は平均が 0,分散が 0.91 のガウス分布に,e_y は平均が 0,分散が 0.29 のガウス分布に従っているとします.e_x と e_y の分散が半端な値になっているのは,x と y の分散を 1 にするためです.分散を 1 にしておくと,散布図が視覚的に比較しやすいからです.

さて,上記の式 (1.3) と式 (1.4) が表すデータ生成過程のモデルに基づいて,データを生成するとは,次のようにすることです.ここでは,100 個の観測を生成することにしましょう.チョコレートとノーベル賞の例だと,100 カ国のデータを生成するということです.100 個の国に番号をつけて,国$^{(1)}$,国$^{(2)}$, ..., 国$^{(100)}$ と表すことにします.

では,国$^{(1)}$ のデータを生成しましょう.まず,国$^{(1)}$ の z, e_x, e_y の値をそれぞれ,上記のガウス分布から 1 つずつ生成します.生成された値をそれぞれ $z^{(1)}, e_x^{(1)}, e_y^{(1)}$ で表します.たとえば,$z^{(1)} = 0.47$, $e_x^{(1)} = 0.74$, $e_y^{(1)} = -0.19$ というような値をとるでしょう.今の例ですと,国$^{(1)}$ の GDP

の値が 0.47, 誤差変数 e_x と e_y の値がそれぞれ 0.74, −0.19 という意味です.
　この生成された値を, 式 (1.3) と式 (1.4) が表すデータ生成過程モデルに代入して, 国$^{(1)}$ の x と y の値を生成します. 国$^{(1)}$ の x と y の値である $x^{(1)}$ と $y^{(1)}$ は

$$\begin{aligned}
x^{(1)} &= 0.3 z^{(1)} + e_x^{(1)} \\
&= 0.3 \times 0.47 + 0.74 \\
&= 0.88 \\
y^{(1)} &= 0.7 x^{(1)} + 0.3 z^{(1)} + e_y^{(1)} \\
&= 0.7 \times 0.88 + 0.3 \times 0.47 - 0.19 \\
&= 0.57
\end{aligned}$$

と生成されます. 国$^{(1)}$ のチョコレートの消費量が 0.88, ノーベル賞受賞者の数が 0.57 という意味です. 受賞者の数が自然数でなく小数ということには違和感があるかもしれませんが, これは単に数値例を x と y の分散が 1 になるようにつくっているためで, ここでは気にする必要はありません. この手順を 100 回繰り返すと, 100 個の観測, つまり 100 カ国のデータを生成できます.
　ここまでと同じように考えると, 図 1.3 (8 ページ) の中央にある, x が結果で y が原因の因果グラフが表すデータ生成過程は,

$$x = b_{xy} y + \lambda_{xz} z + e_x \tag{1.5}$$
$$y = \lambda_{yz} z + e_y \tag{1.6}$$

と書けます. このモデルが表しているデータ生成過程は,「観測変数 x の値は, 観測変数 y の値, 未観測変数 z の値, そして誤差変数 e_x の値の線形和で決まり, 観測変数 y の値は, 未観測変数 z の値と誤差変数 e_y の値の線形和で決まる」です. 定数 b_{xy}, λ_{xz}, λ_{yz} は, 等式の左辺の変数の値を決めるときに, 等式の右辺の変数がどのくらい寄与するか, つまり, 変数の値を決定するときの寄与の大きさをを表しています.
　このデータ生成過程では, x の値より先に y の値が生成されています. そのため, x のデータ生成過程を表す式 (1.5) と y のデータ生成過程を表す式 (1.6) を入れ替えて,

$$y = \lambda_{yz}z + e_y$$
$$x = b_{xy}y + \lambda_{xz}z + e_x$$

というように，上から順に値が生成されるようにした方が見やすいかもしれません．ただ，その都度そのような入れ替えをする書き方はあまり見かけないので，本書でもそうはしません．

最後に，図 1.3（8 ページ）右の因果グラフの表すデータ生成過程は，

$$x = \lambda_{xz}z + e_x \tag{1.7}$$
$$y = \lambda_{yz}z + e_y \tag{1.8}$$

と書けます．観測変数 x の値は，未観測変数 z の値と誤差変数 e_x の値の線形和で決まり，観測変数 y の値は，未観測変数 z の値，そして誤差変数 e_y の値の線形和で決まります．図 1.3 左と異なり，x の値を決めるときに，y は寄与しません．また y の値を決めるときにも，x は寄与しません．

では，これら 3 種類の因果グラフのデータ生成過程に従ってデータを生成し，散布図を描いてみましょう．式 (1.5) と式 (1.6)（前ページ）が表すデータ生成過程においては，$b_{xy} = 0.7, \lambda_{xz} = 0.3, \lambda_{yz} = 0.3$ とします．そして，式 (1.7) と (1.8) の表すデータ生成過程においては，$\lambda_{xz} = 0.89, \lambda_{yz} = 0.89$ とします．

つまり，次の 3 つのデータ生成過程からデータを生成し，散布図を描きます．

$$x \to y : \begin{cases} x = 0.3z + e_x \\ y = 0.7x + 0.3z + e_y \end{cases} \tag{1.9}$$

$$x \leftarrow y : \begin{cases} x = 0.7y + 0.3z + e_x \\ y = 0.3z + e_y \end{cases} \tag{1.10}$$

$$x \quad y : \begin{cases} x = 0.89z + e_x \\ y = 0.89z + e_y \end{cases} \tag{1.11}$$

いずれのデータ生成過程においても，確率変数 z, e_x, e_y は互いに独立だとします．そして，z は平均が 0，分散が 1 の**ガウス分布 (Gaussian distribution)** に従っているとしましょう．また，誤差変数 e_x と e_y はどちらも平均が 0 のガウス分布に従っているとします．ただし，どの場合も，e_x と e_y の

1.3 擬似相関の数値例

分散は，x と y の分散が 1 になるようにとります．たとえば，図 1.2（4 ページ）左の因果グラフのデータ生成過程である式 (1.9) の場合，すでに述べたように，e_x の分散を 0.91，e_y の分散を 0.29 になるようにとれば，x と y の分散は，どちらも 1 になります．

上記の式 (1.9)，式 (1.10)，式 (1.11) が表すデータ生成過程に基づいて 1 万個の観測を生成したときの散布図と対応する因果グラフを **図 1.4** に示します．3 つの因果グラフはまったく異なります．2 つの観測変数 x と y の間の因果の向き（矢印の向き）が逆だったり，そもそも x と y には因果関係がなかったりします．それにもかかわらず，相関係数はどのデータ生成過程においても同じ値 0.79 になります．したがって，相関係数では，因果の向きや有無がわからず，因果効果の大きさを測れません．

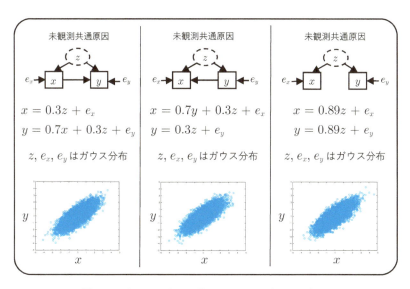

図 1.4 x と y に関する 3 種類の因果グラフとその散布図．

そのため，チョコレートの消費量とノーベル賞受賞者の数の相関係数が大きな正の値だったとしても，すぐさま，「チョコレートの消費量を増やせば，ノーベル賞受賞者の数が増える」と考えてはいけません．「ノーベル賞受賞

者の数を増やすために，チョコレートの消費量を増やす」というような政策を策定する根拠にすることはできません．もちろん，この例であれば，直感が働いて，そのような意思決定をすぐさま行うことはないでしょう．

では，因果効果の大きさを測るためには，相関係数でなく何を計算すればよいのでしょうか．第2章では，この点について解説します．また，第3章以降では，因果グラフをデータから推測するための機械学習法である因果探索法を紹介していきます．

1.4 本章のまとめ

統計的因果探索の出発点は，相関関係と因果関係のギャップ（隔たり）です．これを擬似相関とよびます．このギャップがあるため，相関関係があっても因果関係があるとは限りません．また，相関係数の値によって，因果効果の大きさを測れません．ギャップが起きる最大の理由は，未観測共通原因の存在です．擬似相関というギャップを懐柔して，データから因果関係を推測するための方法を研究するのが，統計的因果探索という分野です．

Chapter 2

統計的因果推論の基礎

本章では，統計的因果推論の基礎を解説します．因果効果の大きさを測るためには，なにを計算すればよいのでしょうか．この問いの答えを考えるための数理的枠組みについて説明します．

2.1 導入

実質科学 (**substantial science**) の主な目的は，因果関係を明らかにすることです．実質科学とは，自然科学や社会科学などの基礎科学や工学・医学などの応用科学のことです．実質科学の研究者は，解明したい現象や解決したい問題を具体的にもっています．たとえば，「この薬を飲むと，あの病気が治るのか」，「睡眠時間を長くすると，抑うつ気分が減少するのか」，「研究開発費を増やすと，利益は減るのか」，「チョコレートをもっと食べると，ノーベル賞が増えるのか」といった具合です．

実質科学に対して，統計学や機械学習などは**方法論** (**methodology**) とよばれます．方法論の研究者は，実質科学の目的を達成するための方法そのものを研究しています．たとえば，統計学や機械学習の研究者は，データ解析法をつくったり，精緻化したりしています．

統計的因果推論は，因果関係についてデータから推測するための方法論です．大まかにいえば，何かを変化させたときに，何かほかのものが変化すれば，その2つは因果関係にあると考えます．では，この「何かを変化させたときに，何かほかのものが変化する（しない）」とは，数学的にはどう表せる

のでしょうか．そのための数学的枠組みを説明するのが，本章の目的です．

まず，2.2 節では，統計的因果推論で採用されている因果の考え方である反事実モデルを説明します．2.3 節では，データ生成過程を記述するための道具として，構造方程式モデルという数理モデルを説明します．2.4 節では，その 2 つを基礎にして，因果推論のための数学的枠組みである構造的因果モデルを説明します．2.5 節では，ランダム化実験という因果関係を推測する方法を解説します．

2.2 反事実モデルによる因果の定義

本書でいう因果の意味を明確にするために，**反事実モデル (counterfactual model)** という考え方を説明します [68,82]．

2.2.1 個体レベルの因果

まず，個体レベルの因果 (unit-level causation) という概念を導入するところからはじめます．

A) 例による説明

まず，例を用いて説明しましょう．ある個体があります．種はヒトです．遺伝的に，アルデヒド脱水素酵素の活性が強く，お酒に強い体質です．属性としては，名前はイシダケイコといい，年齢は 35 歳で，性別は女性です．日本語を話します．職業は，データサイエンティストです．職場は市街地にあり，住居は郊外にあるという生活環境です．通勤時間は 1 時間です．子どもが 2 人います．1 人は小学生で，もう 1 人は保育園に通っています．生活習慣として，朝は 6 時に起き，夜は 24 時には就寝します．ときどきお酒も飲みます．経歴は，以下の通りです．育ったのは，現在住んでいるのとは別の県です．公立の小中高と進み，大学は現在住んでいる府の私立大学に進みました．学生時代は，水泳をずっとやっていました．大学卒業後，アパレル関係の仕事をしていましたが，地元の国立大学の大学院に社会人入学し，データサイエンスの博士号を取得したあと転職し，今の会社に勤めています．同じ部署の同僚は，10 人です．働きはじめた当初は不規則な生活をしていましたが，今は規則正しい生活をするようにしています．

この個体を，個体 A とよびましょう．ケイコさんとよんでもよいのです

2.2 反事実モデルによる因果の定義

が，大事なのは名前自体ではありません．大事なのは，遺伝的性質，属性，生活環境，生活習慣や経歴などの，この個体の特質です．そのため，このまま個体 A とよびます．

さて，個体 A はある病気にかかっているとしましょう．私たちは，ある薬が個体 A の病気を治すかどうかに興味があります．それを調べるために，次の 2 つの行動の結果を比較します．

1 つめの行動は，「個体 A に薬を飲んでもらう」です．もう 1 つの行動は，「個体 A に薬を飲まないでもらう」です．

仮に，薬を飲んでもらう場合には病気が治り，薬を飲まないでもらう場合には治らないとしましょう．つまり，2 つの行動の結果に違いがあるとします．図に示すと，**図 2.1** の上部のようになります．このとき，「個体 A において，薬を飲むかどうかが，病気が治るかどうかの原因となる」と考えます．そして，この場合は病気が治るので「個体 A においては，薬を飲むという行動には，病気を治す効果がある」と考えます．

図 2.1 反事実モデル：個体レベルの因果．

一方，個体 A に薬を飲んでもらう場合にも，飲まないでもらう場合にも，病気にかかったままだとしましょう．つまり，2 つの行動の結果に違いがな

いとします．このとき，「個体Aにおいて，薬を飲むかどうかが，病気が治るかどうかの原因とはならない」と考えます．そして，「個体Aにおいて，薬を飲むという行動には，病気を治す効果はない」と考えます．

このように，個体について考える因果関係を，個体レベルの因果とよびます．

B) 記号による説明

さて，この先，数理的枠組みを導入するための準備として，少し記号を使って書いてみましょう．少しずつ具体例から離れていきます．

薬を飲むかどうかを x で表します．$x = 1$ なら，薬を飲むことを表し，$x = 0$ なら，薬を飲まないことを表します．同様に，たとえば3日後に病気にかかっているかどうかを y で表しましょう．$y = 1$ なら，3日後に病気にかかっていることを表し，$y = 0$ なら，3日後に病気にかかっていないことを表します．3日という数字自体に意味はなく，薬を飲んだ瞬間に病気が治るかを調べてるわけではないことを表しています．

x, y という記号を使うと，「個体Aに薬を飲んでもらう」という行動は，個体Aの x の値を1に定めることです．同じように，「個体Aに薬を飲まないでもらう」という行動は，個体Aの x の値を0に定めることです．

「定める」というのは，個体Aが選択するかどうかにかかわらず，分析者が決めた通りの値にしてもらうということです．

すると，「個体Aに薬を飲んでもらう場合に，病気が治る」というのは，「個体Aの x の値を1に定める（薬を飲んでもらう）場合に，個体Aの y の値が0である（3日後に病気にかかっていない）」ことです．

一方，「個体Aに薬を飲まないでもらう場合に，病気が治らない」というのは，「個体Aの x の値を0に定める（薬を飲まないでもらう）場合に，個体Aの y の値が1である（3日後に病気にかかっている）」ことです．

個体Aにとって薬を飲むことが病気を治す原因となるかどうかを調べるには，「個体Aの x の値を1に定める（薬を飲んでもらう）場合の個体Aの y の値（3日後に病気にかかっているかどうか）」と，「個体Aの x の値を0に定める（薬を飲まないでもらう）場合の個体Aの y の値（3日後に病気にかかっているか）」を比べます．

もし，x の値を1に定める（薬を飲んでもらう）場合の y の値が0（3日後に病気にかかっていない）で，もし，x の値を0に定める（薬を飲まないで

もらう）場合の y の値が 1（3 日後に病気にかかっている）なら，2 つの行動の結果が異なっているので，「個体 A において，薬を飲むかどうかは，病気が治るかどうかの原因となる」と考えます．

もし，両方の場合の y の値が 1 なら，2 つの行動の結果が同じなので，「個体 A において，薬を飲むかどうかは，病気が治るかどうかの原因とはならない」と考えます．両方の場合の y の値が 0 の場合も同様です．

2.2.2 因果推論の根本問題

しかし，この考えに基づいて個体の因果をデータを用いて調べようとすると，1 つ問題があります．それは，これら 2 つの行動の結果を両方とも観測することが不可能なことです．というのは，いったん個体 A に薬を飲んでもらう場合にどうなるかを観測してしまうと，個体 A に薬を飲まないでもらう場合にどうなるかを観測することはできないからです（図 2.2）．時間を巻き戻すことはできません．

図 2.2 因果推論の根本問題．

個体 A に薬を飲んでもらうという行動の結果は事実です．実際に個体 A は薬を飲むからです．一方，個体 A に薬を飲まないでもらうという行動の結

果は実際には起こりません．そのため，反事実とよびます．逆もしかりです．常に一方しか観測できないので，2つの行動の結果を比較することは不可能です．そのため，個体 A のデータに基づいて，個体レベルの因果に関する結論を導くことができません．この問題は，**因果推論の根本問題 (fundamental problem of causal inference)** として知られています [29]．

2.2.3 集団レベルの因果

次に，集団レベルの因果という概念を導入します [68,82]．ある集団のすべての個体がある病気にかかっているとしましょう．個体の数は十分多いとします．私たちは，ある薬がこの集団がかかっている病気を治すかどうかに興味があります．それを調べるために，次の2つの行動の結果を比較します．

1つめの行動は，「この集団の個体すべてに薬を飲んでもらう」です．もう1つの行動は，「この集団の個体すべてに薬を飲まないでもらう」です．

薬を飲んでもらう場合に病気が治る個体の割合が，薬を飲まないでもらう場合に病気が治る個体の割合より大きいとしましょう．つまり，2つの行動の結果に違いがあるとします．図で描くと，図2.3の上部のようになるとします．

このとき，「この集団において，薬を飲むかどうかが，病気が治るかどうかの原因となる」と考えます．そして，この場合は病気が治る割合の方が大きいので「この集団においては，薬を飲むという行動には，病気を治す効果がある」と考えます．

一方，薬を飲んでもらう場合に病気が治る個体の割合が，薬を飲まないでもらう場合に病気が治る個体の割合と同じだとしましょう．つまり，2つの行動の結果に違いがないとします．このときは，「この集団において，薬を飲むかどうかが，病気が治るかどうかの原因とはならない」と考えます．そして，「この集団において，薬を飲むという行動には，病気を治す効果はない」と考えます．

このように，集団について考える因果関係を，**集団レベルの因果 (population-level causation)** とよびます．個体の場合は，治るか治らないかの2択でしたが，集団の場合は，何割の個体が治るかという集団としてのふるまいに着目しています．

では，少し記号を使って書いてみましょう．2.2.1項 B) と同様に薬を飲む

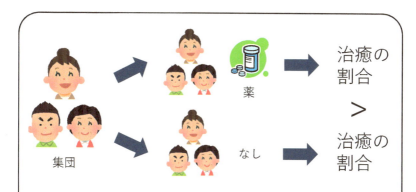

図 2.3 反事実モデル：集団レベルの因果.

かどうかを x で表します．$x = 1$ なら，薬を飲むことを表し，$x = 0$ なら，薬を飲まないことを表します．同様に，3 日後に病気にかかっているかどうかを y で表します．$y = 1$ なら，3 日後に病気にかかっていることを表し，$y = 0$ なら，3 日後に病気にかかっていないことを表します．

記号を使うと，「この集団の個体すべてに薬を飲んでもらう」という行動は，この集団の個体すべての x の値を 1 に定めることです．同じように，「この集団の個体すべてに薬を飲まないでもらう」という行動は，この集団の個体すべての x の値を 0 に定めることです．

すると，「この集団の個体すべてに薬を飲んでもらう場合に，病気が治る個体の割合」というのは，「この集団の個体すべての x の値を 1 に定める（薬を飲んでもらう）場合に，y の値が 0 である（3 日後に病気にかかっていない）個体の割合」のことです．

一方,「この集団の個体すべてに薬を飲まないでもらう場合に,病気が治る個体の割合」というのは,「この集団の個体すべての x の値を 0 に定める(薬を飲まないでもらう)場合に,y の値が 0 である(3日後に病気にかかっていない)個体の割合」のことです.

y の値が 0 である(3日後に病気にかかっていない)個体の割合が,個体すべてに薬を飲んでもらう場合と飲まないでもらう場合とで異なるなら,2つの行動の結果が異なっているので,「この集団においては,薬を飲むかどうかは,病気が治るかどうかの原因となる」と考えます.

もし,両方の場合の y の値が 0 である(3日後に病気にかかっていない)個体の割合が同じなら,2つの行動の結果が同じなので,「この集団において,薬を飲むかどうかは,病気が治るかどうかの原因とはならない」と考えます.

ただし,データを用いて集団の因果を調べようとすると,個体レベルの因果と同じ問題にぶつかります.つまり,この集団の個体すべてに薬を飲んでもらう場合にどうなるかを観測してしまうと,薬を飲まないでもらう場合にどうなるかを観測することはできないという問題です.時間を巻き戻すことはできないので,2つの行動の結果を両方とも観測することは不可能だからです.

個体レベルの因果は一般に調べることはできませんが,幸運なことに,集団レベルの因果は調べることができる場合があります.それについては,2.5節と第3章以降で解説します.

2.3 構造方程式モデルによるデータ生成過程の記述

次に,変数の値が決定される手順,つまりデータ生成過程を記述する数学的な道具として,**構造方程式モデル** (structural equation models) を説明します [6,71].構造方程式モデルでは,どのように変数の値が決定されるかを表現するために,構造方程式という等式を使います.

薬と病気の例を用いて説明しましょう.病気にかかっているかを表す変数 y の値がどのように決定されるのかというデータ生成過程を,次のような方程式を用いて表します.

$$y = f_y(x, e_y) \tag{2.1}$$

この方程式を，**構造方程式 (structural equation)** とよびます．ここで，y は，病気にかかっているか（1：病気にかかっている，0：病気にかかっていない）を表し，x は薬を飲むかどうか（1：飲む，0：飲まない）を表しています．そして e_y は，y の値を決定するために寄与しうる x 以外のすべての変数をまとめて表す誤差変数です．x と y は観測変数で，e_y は未観測変数です．

構造方程式は，単に両辺が等しいことを表すだけではありません．左辺が，右辺で定義されることを表します．今の場合，式 (2.1) の構造方程式は，「左辺の y の値が，右辺の x の値と e_y の値から，関数 f_y を通して完全に決定される」ことを表しています．

x に関するデータ生成過程も同じように構造方程式を用いて表しましょう．すると，変数 x と y のデータ生成過程は，次のように書くことができます．

$$
\begin{aligned}
x &= f_x(\bar{e}_x) \\
y &= f_y(x, e_y)
\end{aligned}
\tag{2.2}
$$

式 (2.2) の左辺の x の値は，右辺の誤差変数 $\bar{e}_x$ の値が関数 f_x によって変換されて決定されます．誤差変数 $\bar{e}_x$ は，x の値を決めることに寄与する変数すべてをまとめて表しています．

もちろん，この表し方でもよいのですが，式 (2.2) の右辺にある変数は $\bar{e}_x$ だけなので，もう少し簡潔に表すことができます．具体的には，$f_x(\bar{e}_x)$ を e_x とおきかえて，次のように書いても同じデータ生成過程を表せます．

$$
\begin{aligned}
x &= e_x \\
y &= f_y(x, e_y)
\end{aligned}
\tag{2.3}
\tag{2.4}
$$

誤差変数 e_x が，恒等関数によって変換されて，つまりそのまま，x になるという表現の仕方です．これ以降は，この簡潔な方の表し方を用います．

式 (2.3) と式 (2.4) の構造方程式モデルが表すデータ生成過程では，まず，誤差変数 e_x と e_y の値が決まります．そして，式 (2.3) の右辺の e_x の値がそのまま，左辺の x の値になります．次に，式 (2.4) の右辺の x と e_y の値が，関数 f_y で変換されて，左辺の y の値になります．対応する因果グラフは，図 2.4（次ページ）の右上です．あとで説明しますが，誤差変数 e_x と e_y

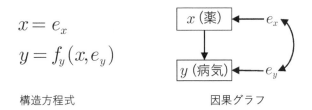

- データ生成過程のモデル
  - 変数の「値」が，どういう過程を経て生成されるか
- 構造方程式：変数の「値」の決定関係を表す
  - $y = f_y(x, e_y)$
    » 単なる等式ではない: 左辺を右辺で定義
    » e_y : y の値を決定するために必要な x 以外の変数すべて

図 2.4 構造方程式モデルを用いてデータ生成過程を表します．

の間の両方向の矢印は，e_x と e_y が独立ではなく従属している可能性があることを表しています．たとえば，2つの誤差変数 e_x と e_y が独立なら，ある観測の e_x の値がわかったとしても，その e_y の値がどのくらいかはわかりません．一方，もし e_x と e_y が従属しているなら，ある観測の e_x の値がわかれば，その e_y の値がどのくらいかをある程度予測できます．

なお，変数 y は，**内生変数 (endogenous variable)** とよばれます．内生変数は，構造方程式の左辺に登場する変数です．内生変数の値は，ほかのどの変数の値によって決まるのかが構造方程式によって記述されています．たとえば，y の値は，x と e_y の値から決まることが，式 (2.4)（前ページ）によって表されています．

一方，誤差変数 e_x と e_y は，**外生変数 (exogenous variable)** とよばれます．外生変数は，構造方程式の右辺にのみ登場する変数です．左辺には登場しません．そのため，外生変数が，どんな変数からどのような手順で生成されるかは，記述されていません．

一般に，構造方程式モデルは，以下の4つ組として定義されます．

1. 内生変数
2. 外生変数
3. 内生変数と外生変数をつなぐ関数
4. 外生変数の確率分布

例として，式 (2.3) と式 (2.4)（23 ページ）で表されている構造方程式モデルを考えましょう．この構造方程式モデルは，

1. 内生変数 x と y
2. 外生変数 e_x と e_y
3. e_x を x に変換する恒等関数と，e_y と x を y に変換する関数 f_y
4. 外生変数の確率分布 $p(e_x, e_y)$

の 4 つ組からなります．

さらに，構造方程式モデルが表す変数の値の定性的な決定関係を，**因果グラフ**を用いて表現します．薬と病気の例の場合の因果グラフは，図 2.4 の右上のようになります．因果グラフは，次の 2 つの規則に従って描きます [6,71]．図 2.5（次ページ）でも図解しています．

1. 構造方程式の右辺にある各変数が，左辺の変数の値を計算するために必要かもしれないとき，左辺の変数へ有向辺を描きます．なお，「必要ない」とは，その変数の値をどの違う値にとっても，右辺のほかの変数の値を別の値にとらなければ，左辺の値が違う値にならないことです．薬と病気の例では，薬を飲むかどうかで，3 日後に病気にかかっているかが異なる可能性があるので，「薬」から「病気」へ有向辺を描きます．
2. モデル内の 2 つの変数の間に，未観測共通原因の存在が疑われるときは，その 2 つの変数に付随する誤差変数の間に両方向の有向円弧を描きます．つまり，モデル内の 2 つの変数の値が，そのモデルに含まれていないような，何か共通の変数によって，部分的にでも決まる可能性があるときです．薬と病気の例では，薬を飲むかどうかと病気が治るかどうかが，病気の重症度によって決まる可能性があります．そのため，「薬」と「病気」に付随する誤差変数 e_x と e_y の間に有向円弧を描きます（図 2.5）．第 3 章で詳しく説明しますが，このようなモデルに含まれない変数は，未観測共通原因ともよばれ，誤差変数を従属にします．その従属

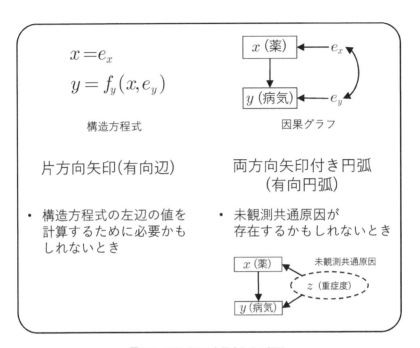

図 2.5 因果グラフを描くための規則.

性を，両方向の有向円弧を用いて表現します．

さて，薬と病気の構造方程式モデルに登場する 4 つの変数 x, y, e_x, e_y のうち，x と y は観測変数なので，データを収集することができます．そこで，観測変数 x と y の確率分布 $p(x, y)$ に基づいて，構造方程式モデルに関する推測を行います．たとえば，データ生成過程を表す因果グラフを推測します．

では，構造方程式モデルを，もう少し一般的に書いてみましょう．まず，p 個の内生変数を $v_1, \ldots, v_p$ と表します．これをベクトルにまとめて，$\boldsymbol{v} = [v_1, \ldots, v_p]^\top$ と書きます．ベクトルの括弧の右肩の $\top$ は転置の記号です．次に，q 個の外生変数を $u_1, \ldots, u_q$ と表します．これらをベクトルにまとめて，$\boldsymbol{u} = [u_1, \ldots, u_q]^\top$ と書きます．p 個の内生変数があるため，それらのデータ生成過程を表現するために，同じ数だけの構造方程式が必要です．その構造方程式の右辺に現れる p 個の関数を $f_1, \ldots, f_p$ と表します．これら関数を集

めて，$f = \{f_1, \ldots, f_p\}$ と書くことにします．

これらの記号を使うと，内生変数 v_i のデータ生成過程を表す構造方程式は

$$v_i = f_i(\boldsymbol{v}, \boldsymbol{u})$$

と書けます．構造方程式モデル内で生成される内生変数の確率分布 $p(\boldsymbol{v})$ は，モデル外で生成される外生変数の確率分布 $p(\boldsymbol{u})$ と，内生変数と外生変数をつなぐ関数 $\boldsymbol{f}$ によって決まります．内生変数 $\boldsymbol{v}$ のうち，観測される変数を $\boldsymbol{o}$ で表しましょう．観測変数 $\boldsymbol{o}$ の確率分布 $p(\boldsymbol{o})$ から統計的推測を行います．ベクトル $\boldsymbol{o}$ の o は，observed（観測される）の頭文字です．

構造方程式モデルは，まずデータ生成過程を記述し，その結果として変数の分布を導いていることに注意してください．対照的に，多くの統計学や機械学習のモデルでは，データ生成過程の記述は経由せずに，変数の分布のみを記述します．

2.4 統計的因果推論の枠組み：構造的因果モデル

因果推論のための代表的な枠組みである**構造的因果モデル (structural causal model)**[71] は，2つのモデルを基礎としています．1つは，2.2節の反事実モデル[68,82]という因果のモデルです．もう1つは，2.3節の構造方程式モデル[6]というデータ生成過程のモデルです．反事実モデルで定義される因果関係を，構造方程式モデルを用いて数学的に表現します．

2.4.1 集団レベルの因果の表現

では，反事実モデルにおける集団レベルの因果を，構造方程式モデルを用いて表現してみましょう．まずは，「**介入 (intervention)**」とよばれる行動を，構造方程式モデルを用いて定義します．ある変数 x に介入するとは，「ほかのどの変数がどんな値をとろうとも，変数 x の値を定数 c にとる」ことを意味します．ほかの変数というのは，観測される変数も観測されない未観測変数も含めてすべてです．このような介入を，do という記号を用いて，$\mathrm{do}(x = c)$ と表します．ちなみに，介入をどこからするのかといえば，モデルの外からです．どの変数をモデルに含めるのかは分析者が判断します．つまり，モデルの内と外とを決めるのは分析者です．

薬と病気の例でいえば，薬を飲むかどうかを表す変数 x に介入するとは，「年齢や性別，病気の重症度などにかかわらず，必ず薬を飲んでもらう，つまり x の値を 1 にとる．あるいは，決して飲まないでもらう，つまり x の値を 0 にとる」ことです．

さて，構造方程式モデルにおいて，介入 $\mathrm{do}(x=c)$ とは，「x のデータ生成過程を表す構造方程式を，別のデータ生成過程を表す構造方程式である $x=c$ と取り替える」ことにあたります．取り替えると，この集団の個体すべての x は必ず c という値をとります．x の値が，$x=c$ という構造方程式から常に生成されるからです．

例を挙げます．式 (2.3) と式 (2.4)（23 ページ）で表される構造方程式モデルにおいて，x に介入して，x の値を定数 c に定めましょう．つまり，式 (2.3) の x に関する構造方程式を，別の構造方程式である $x=c$ と取り替えます．すると，次の新しい構造方程式モデルができます．

$$x = c \tag{2.5}$$
$$y = f_y(x, e_y) \tag{2.6}$$

この構造方程式モデルを $M_{x=c}$ と表します．M はモデル (model) の頭文字です．M の右下の $x=c$ は，x に介入して，その値を c に定めたことを示しています．

構造方程式を取り替えると，因果グラフも，図 2.6 の左から中央のように変わります．図 2.6 左の因果グラフでは，どの変数にも介入しておらず，自然にまかせてデータが生成されます．中央の因果グラフでは，x に介入をしたので，x の値は定数 c によって決まります．そのため，誤差変数 e_x の代わりに定数 c が書かれています．さらに，x の値は常に c をとり，ほかの変数の値によっては決まりません．そのため，未観測共通原因が存在する可能性を示す有向円弧は，定数 c と誤差変数 e_y の間にありません．

実は今，「構造方程式のどれを取り替えても，それ以外の構造方程式の関数や外生変数の分布は変わらない」と仮定しています．これを**自律性の仮定** (autonomy assumption) といいます．

薬と病気の例では，薬を飲んでもらうという介入をしても，病気と薬をつなぐ関数 f_y は変わりませんし，y に付随する誤差変数 e_y の分布も変わりま

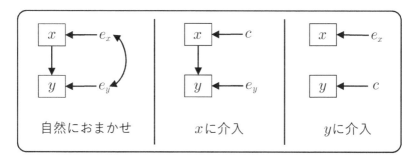

図 2.6 左：式 (2.3) と式 (2.4) の構造方程式モデルの因果グラフ．中央：左の因果グラフにおいて，x に介入した後の因果グラフ．右：左の因果グラフにおいて，y に介入した後の因果グラフ．

せん．この仮定は，物理的には現実的ではないかもしれませんが，「もしこれこれだったら，どうなる？」という反事実である状況を考えていると捉えてください．その意味で，式 (2.5) と式 (2.6) で表される構造方程式モデル $M_{x=c}$ は，仮想的な集団を表しています．

そして，x に介入した後の y の確率分布 $p(y|\mathrm{do}(x=c))$ を，次のように定義します．

$$p(y|\mathrm{do}(x=c)) := p_{M_{x=c}}(y)$$

記号 := は，左辺を右辺で定義するという意味の記号です．右辺の $p_{M_{x=c}}(y)$ は，構造方程式モデル $M_{x=c}$ における y の分布を表します．つまり，x の値を c に定めるという介入をしたときの y の分布は，介入することで新しくできる構造方程式モデル $M_{x=c}$ における y の分布で定義されます．

では，集団レベルの因果を構造方程式モデルで表現しましょう．もし介入後の y の確率分布が異なるような x の値 c と d があれば，「この集団において，x は y の原因となる」といいます．つまり，

$$p(y|\mathrm{do}(x=c)) \neq p(y|\mathrm{do}(x=d))$$

となる c と d があれば，「この集団において，x は y の原因となる」といいます．この場合，「x と y は因果関係にある」といいます．

薬と病気の例では，もし薬を飲んでもらう場合と飲まないでもらう場合とで，3 日後に病気にかかっているかどうかの分布が異なれば，つまり

$$p(y|\mathrm{do}(x=1)) \neq p(y|\mathrm{do}(x=0))$$

であれば,「この集団において,薬を飲むかどうかがが病気が治るかどうかの原因となる」といいます(図 2.7).

なお,変数 x は薬を飲むかどうかを表します.$x=1$ なら薬を飲み,$x=0$ なら薬を飲みません.そして,変数 y は,3 日後に病気にかかっているかどうかを表します.$y=1$ なら 3 日後に病気にかかっています.$y=0$ なら 3 日後に病気にかかっていません.

さらに,薬を飲んでもらう場合に病気が治る確率が,飲まないでもらう場合より大きければ,つまり,

$$p(y=0|\mathrm{do}(x=1)) > p(y=0|\mathrm{do}(x=0))$$

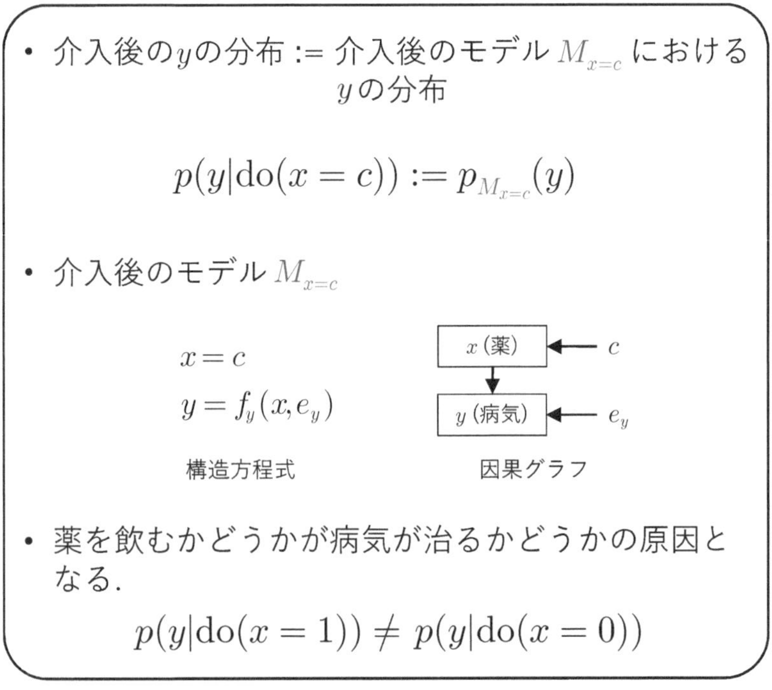

- 介入後の y の分布 := 介入後のモデル $M_{x=c}$ における y の分布

$$p(y|\mathrm{do}(x=c)) := p_{M_{x=c}}(y)$$

- 介入後のモデル $M_{x=c}$

  $x = c$
  $y = f_y(x, e_y)$

  構造方程式   因果グラフ

- 薬を飲むかどうかが病気が治るかどうかの原因となる.

$$p(y|\mathrm{do}(x=1)) \neq p(y|\mathrm{do}(x=0))$$

図 2.7 介入後の分布が異なる場合があれば,因果関係にあります.

であれば,「この集団においては,薬を飲むという行動には,病気を治す効果がある」といえます.もし,不等号の向きが逆であれば,この薬は,むしろ有害であるといえます.

2.4.2 因果効果の大きさの定量化

2.4.1 項のように,介入後の分布が異なるかを調べれば,因果関係にあるかどうかを調べることができます.因果関係にあるとわかれば,次の興味は,その因果効果の大きさがどのくらいあるかです.

変数 x から変数 y への因果効果の大きさを定量化する一般的な方法は,次のように平均的な差を評価することです [71, 82].

$$E(y|\mathrm{do}(x=d)) - E(y|\mathrm{do}(x=c))$$

この量は,**平均因果効果 (average causal effect)** とよばれます.x を d に定めた場合と c に定めた場合の仮想集団 $M_{x=d}$ と $M_{x=c}$ における y の期待値 $E(y|\mathrm{do}(x=d))$ と $E(y|\mathrm{do}(x=c))$ の差です.変数 x の値を定数 c から定数 d に変化させたときに,変数 y の値が平均的にどのくらい変化するかを表しています.「変数 x の値を c から d へ変化させる」とは,「x に介入して,その値を c に定めたあと,その定数 c を d に変える」ことです.因果効果の大きさを知りたい場合は,平均因果効果を計算します.相関係数ではありません.

薬と病気の例では,x(薬を飲むかどうか)と y(3 日後に病気にかかっているかどうか)は 2 値変数ですが,説明のために,式 (2.3) と式 (2.4)(23 ページ)の構造方程式モデルにおける関数 f_y は線形であると仮定します.つまり,x と y のデータ生成過程を表す構造方程式モデルを次のようにとります.

$$x = e_x \tag{2.7}$$

$$y = b_{yx}x + e_y \tag{2.8}$$

ここで,式 (2.8) の b_{yx} は定数です.

このモデルにおいて,x に介入して x の値を定数 c に定めるということは,式 (2.7) の x に関する構造方程式を,$x = c$ と取り替えることです.すると,介入後のデータ生成過程を表す構造方程式モデル $M_{x=c}$ は,次のようになります.

$$x = c$$
$$y = b_{yx}x + e_y$$

そして,因果グラフは,図2.8の上段から下段に変わります.

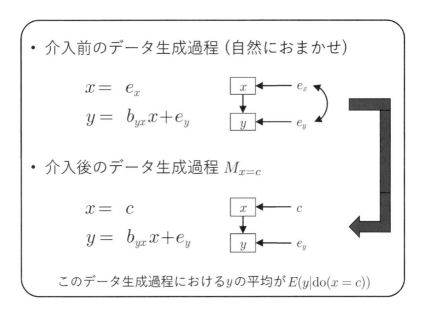

図 2.8 平均因果効果の計算例:x に介入する場合.

そのため,x の値を c から d へ変えたときの,x から y への平均因果効果は,介入後のモデル $M_{x=c}$ と $M_{x=d}$ における y の平均の差として,次のように計算できます.

$$E(y|\text{do}(x=d)) - E(y|\text{do}(x=c)) = E(b_{yx}d + e_y) - E(b_{yx}c + e_y)$$
$$= b_{yx}(d-c)$$

この場合,平均因果効果が表す y の平均的な変化は,x を変化させた分である d と c の差に,x の係数 b_{yx} を掛けたものになります.x を大きく変化させれば,つまり d と c の差が大きければ,y は大きく変化しやすいです.また,係数 b_{yx} が大きければ,d と c の差が同じでも,y は大きく変化しやす

くなります.

一方，y に介入した場合はどうなるかを考えます．y に介入して，y の値を定数 c に定めるということは，式 (2.8)（31 ページ）の y に関する構造方程式を，$y = c$ と取り替えることです．すると，介入後のデータ生成過程を表す構造方程式モデル $M_{y=c}$ は，次のように書けます．

$$x = e_x$$
$$y = c$$

そして，因果グラフは，図 2.9 の上段から下段に変わります．

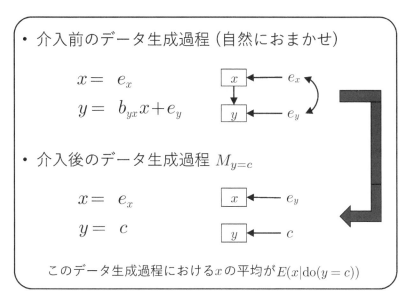

図 2.9 平均因果効果の計算例：y に介入する場合．

そして，y の値を c から d へ変化させたときの y から x への平均因果効果，つまり，介入後のモデル $M_{y=c}$ と $M_{y=d}$ における x の平均の差は，次のように 0 になります．

$$E(x|\mathrm{do}(y=d)) - E(x|\mathrm{do}(y=c)) = E(e_x) - E(e_x)$$
$$= 0$$

y の値を変化させても，x の値は変化しません．これは理にかなっています．図 2.9（前ページ）の上のもともとの構造方程式モデルにおいて，y から x へは有向辺はないからです．

2.4.3　個体レベルの因果の表現

構造方程式モデルは，個体レベルの因果を表現するためにも使うことができます．薬と病気の例を用いて説明しましょう．

「個体 A に薬を飲んでもらった場合に（介入して x の値を 1 に定めた場合に），3 日後病気にかかっているかどうか」を $y_{x=1}^{(\mathrm{A})}$ で表します．記号の意味としては，y が病気にかかっているかどうか，y の右下の $x=1$ が「x に介入して，その値を 1 に定めた」ことを，右上の (A) が，個体 A の値であることを示しています．病気にかかっているなら $y_{x=1}^{(\mathrm{A})} = 1$，病気にかかっていないなら $y_{x=1}^{(\mathrm{A})} = 0$ となります．

同様に，「個体 A に薬を飲まないでもらった場合に（介入して x の値を 0 に定めた場合に），3 日後病気にかかっているかどうか」を $y_{x=0}^{(\mathrm{A})}$ で表します．これらは，「もしこれこれしてもらったら，どうなるか」という反事実的な量を表します．

この 2 つの反事実的な量 $y_{x=1}^{(\mathrm{A})}$ と $y_{x=0}^{(\mathrm{A})}$ が異なれば，つまり，個体 A に薬を飲んでもらう場合と飲まないでもらう場合とで，3 日後に病気にかかっているかどうかが異なれば，「個体 A において，薬を飲むかどうかが，病気が治るかどうかの原因となる」といいます．

では，「個体 A に薬を飲んでもらった場合に（x の値を 1 に定めた場合に），3 日後に病気にかかっているかどうか」を表す $y_{x=1}^{(\mathrm{A})}$ を，構造方程式モデルを用いて定義しましょう．その準備のために，式 (2.3) と式 (2.4)（23 ページ）が表す構造方程式モデルを以下に再び示します．

$$x = e_x \qquad (2.3 \text{ 再掲})$$
$$y = f_y(x, e_y) \qquad (2.4 \text{ 再掲})$$

変数 x が薬を飲むかどうかを表し，変数 y が 3 日後に病気にかかっているか

どうかを表しています．e_x と e_y は誤差変数です．この構造方程式モデルでは，どの変数にもまだ介入していません．自然にまかせてデータが生成されます．

この介入前の構造方程式モデルが表す集団の一員である個体 A の x と y の値は，次のように生成されます．個体 A の誤差変数 e_x と e_y の値が $e_x^{(A)}$ と $e_y^{(A)}$ であるとしましょう．これらの値 $e_x^{(A)}$ と $e_y^{(A)}$ が，前ページに再度示した構造方程式モデルの誤差変数 e_x と e_y に代入されて，x と y の値はそれぞれ $e_x^{(A)}$ と $f_y(e_x^{(A)}, e_y^{(A)})$ に決まります．これらが，個体 A の x と y の値になります．このように，それぞれの個体の誤差変数 e_x と e_y の値を，構造方程式モデルに代入することで，それぞれの個体の変数 x と y の値を計算することができます．

次に，この集団の x に介入して，x の値を 1 に定めた場合の構造方程式モデル $M_{x=1}$ を考えます．

$$x = 1$$
$$y = f_y(x, e_y)$$

x に介入して，その値を 1 に定めたので，e_x の代わりに 1 が書かれています．この介入後の構造方程式モデル $M_{x=1}$ における個体 A の y の値によって，$y_{x=1}^{(A)}$ を定義します．つまり，この介入後の構造方程式モデル $M_{x=1}$ の誤差変数 e_y に個体 A の誤差変数の値 $e_y^{(A)}$ を代入して求めた y の値 $f_y(1, e_y^{(A)})$ によって，介入して x の値を 1 に定めた場合の個体 A の y の値 $y_{x=1}^{(A)}$ を定義します．

同じ誤差変数の値を用いることで，介入前後で同じ個体について同じ環境で，変数の値を生成していると考えられます．というのは，誤差変数 e_y は，3 日後に病気にかかっているかどうか (y) を決める変数のうち，薬を飲むかどうか (x) 以外のすべての変数をまとめて表しているからです．それぞれの個体の誤差変数の値は，その個体の遺伝的性質や経歴などの特質，生活環境，治療を受ける病院の医療水準など，病気が治るかどうか (y) が決まるときの個体の状況を数値化していると解釈できます．

一般に，介入して x の値を定数 c に定めた場合の個体 A の y の値 $y_{x=c}^{(A)}$ は，介入して x の値を定数 c に定めた場合の構造方程式モデル $M_{x=c}$ の誤差変数

などの外生変数に，個体 A の外生変数の値を代入して求めた y の値 $y_{M_{x=c}}^{(\mathrm{A})}$ によって定義されます．一例を，図 2.10 に示します．個体 A の外生変数の値が，その個体の特質と環境を含めた，データが生成された状況に関する情報をもっています．もちろん，個体 A 以外の場合も同様です．

- 介入前と同じ $e_y^{(\mathrm{A})}$ を使うことで，
  介入前にデータを生成したときの状況
  (個体の特質＋環境)を再現

- $y_{x=c}^{(\mathrm{A})}$ は，$\mathrm{do}(x=c)$ という介入後のデータ生成過程における個体Aのyの値

$$y_{x=c}^{(\mathrm{A})} = f_y(c, e_y^{(\mathrm{A})})$$

図 2.10　個体における因果の表現．

では，個体レベルの因果を構造方程式モデルで表現しましょう．もし介入後の個体 A の y の値が異なるような x の値 c と d があれば，つまり

$$y_{x=d}^{(\mathrm{A})} \neq y_{x=c}^{(\mathrm{A})}$$

となる c と d があれば，「個体 A において，x は y の原因となる」といいます．

薬と病気の例では，もし薬を飲んでもらう場合と飲まないでもらう場合とで，3 日後に病気にかかっているかどうかが異なれば，つまり，

$$y_{x=1}^{(A)} \neq y_{x=0}^{(A)}$$

であれば，「個体 A において，薬を飲むかどうかが病気が治るかどうかの原因となる」といいます．この例の場合，$y_{x=1}^{(A)}$ と $y_{x=0}^{(A)}$ は，35 ページで説明したように，

$$y_{x=1}^{(A)} = f_y(1, e_y^{(A)})$$
$$y_{x=0}^{(A)} = f_y(0, e_y^{(A)})$$

と書けます．また，この 2 つの差

$$y_{x=1}^{(A)} - y_{x=0}^{(A)} = f_y(1, e_y^{(A)}) - f_y(0, e_y^{(A)}) \tag{2.9}$$

は，「個体 A の x の値を 0 から 1 へ変化させると，個体 A の y の値が $f_y(1, e_y^{(A)}) - f_y(0, e_y^{(A)})$ の分だけ変化する」ことを表します．

さらに，もし関数 f_y が線形なら，つまり

$$y = f_y(x, e_y)$$
$$= b_{yx} x + e_y$$

なら，式 (2.9) の $f_y(1, e_y^{(A)}) - f_y(0, e_y^{(A)})$ は

$$f_y(1, e_y^{(A)}) - f_y(0, e_y^{(A)}) = b_{yx} \times 1 + e_y^{(A)} - (b_{yx} \times 0 + e_y^{(A)})$$
$$= b_{yx}$$

になります．これは，「もし，個体 A の x の値を 0 から 1 へ変化させると，個体 A の y の値が係数 b_{yx} の分だけ変化する」ことを意味しています．

2.4.4 出来事の説明

集団レベルの因果も個体レベルの因果も，「もし介入した場合にどうなるか」という予測を表現しています．構造的因果モデルは，このような予測だけでなく，「過去に起きた出来事の原因が何だったか」という**説明 (explanation)** も表現できます．

たとえば，個体 B は大学生だとします．試験勉強をせずに統計学の期末試験を受けたところ，その得点が 50 点だったとします．もしも個体 B に試験勉強をしてもらっていたとしたら，いったい何点だったのでしょうか．もし

試験勉強をしてもらった場合に 70 点だったとすれば，得点の差が大きいので，「得点が 50 点だったのは，試験勉強をしなかったことが原因である」と説明できそうです．一方，もし試験勉強をしてもらったとしても，やはり得点は 50 点だったとしましょう．その場合は，得点が 50 点であったことは，試験勉強をしたかどうかでは説明できないでしょう．「得点が 50 点だったのは，試験勉強しなかったことが原因だとはいえない」と考えます．

では，構造的因果モデルの枠組みで考えてみましょう．試験勉強をするかどうかを x で表します．$x = 1$ なら，試験勉強をすることを表し，$x = 0$ なら，試験勉強をしないことを表すとしましょう．そして，得点を y で表します．

ここでは，x と y の構造方程式モデルは

$$x = e_x \tag{2.10}$$
$$y = 20x + e_y \tag{2.11}$$

であるとします．何らかの未観測共通原因があり，e_x と e_y は従属していると考えるのが自然でしょう．因果グラフを，図 2.11 の右に描きます．

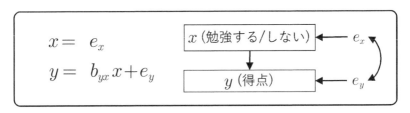

図 2.11 勉強時間 (x) と得点 (y) の構造方程式モデル：本文の例は $b_{yx} = 20$ の場合．

個体 B の場合，実際には勉強せず，得点は 50 点だったので，個体 B が勉強するかどうかを表す変数 x と得点を表す変数 y の値はそれぞれ，$x^{(\mathrm{B})} = 0$，$y^{(\mathrm{B})} = 50$ です．誤差変数 e_x は未観測の変数なので，個体 B の誤差変数 e_y の値が何かはわかりません．しかし，式 (2.10) と式 (2.11) の構造方程式モデルに基いて，観測されている個体 B の x と y の値から，個体 B の e_y の値を推定できます．

個体 B の e_y の値を $e_y^{(\mathrm{B})}$ で表しましょう．個体 B の y の値は，式 (2.11)

の構造方程式により生成されるので，次の等式が成り立っているはずです．

$$y^{(B)} = 20 \times x^{(B)} + e_y^{(B)} \qquad (2.12)$$

この式を $e_y^{(B)}$ について解くと，

$$\begin{aligned} e_y^{(B)} &= y^{(B)} - 20 \times x^{(B)} \\ &= 50 - 20 \times 0 \\ &= 50 \end{aligned}$$

と計算できます．

そして，「実際には試験勉強せずに 50 点だったとき，もしも試験勉強をしてもらった」場合の個体 B の得点は，式 (2.12) の個体 B の誤差変数の値 $e_y^{(B)}$ を基に計算できます．というのは，誤差変数の値がわかれば，それを用いて，個体 B の変数の値が生成された状況を再現できるからです．

計算するためには，まず，式 (2.10) と式 (2.11) の構造方程式モデルの x に介入して，その値を 1 (勉強する) にした新しい構造方程式モデルをつくります．

$$\begin{aligned} x &= 1 \\ y &= 20x + e_y \end{aligned} \qquad (2.13)$$

すると，試験勉強をしてもらった場合の個体 B の得点 $y_{x=1}^{(B)}$ は，式 (2.13) の誤差変数 e_y に，式 (2.12) の個体 B の誤差変数の値 $e_y^{(B)}$ を代入して変数の値が生成された状況を再現することで，次のように計算できます．

$$\begin{aligned} y_{x=1}^{(B)} &= 20 \times 1 + e_y^{(B)} \\ &= 20 + 50 \\ &= 70 \end{aligned}$$

実際には試験勉強せずに 50 点だったとき，もし試験勉強をしてもらっていたとしたら，個体 B の得点は 70 点であったと考えられます．

なお，実際には勉強しなかったので，個体 B に勉強をしてもらった場合というのは，実際には起こらない反事実です．これは個体についての反事実ですが，もちろん，集団についての反事実を考えることもできます．

たとえば，y は得点でなく合否を表すとしましょう．y が 1 なら，合格を表し，y が 0 なら，不合格を表すとします．実際には試験勉強せずに不合格だった個体の集団に，もしも試験勉強をしてもらっていたら合格していたであろう確率を $p(y_{x=1} = 1 | x = 0, y = 0)$ と表現します．$y_{x=1}$ は，x に介入して，その値を 1 に定めた構造方程式モデルにおける変数 y です．縦棒 | の右側には，実際には試験勉強せずに不合格だった，つまり，$x = 0$ かつ $y = 0$ という条件が書かれています．縦棒 | の左側には，もしも試験勉強してもらっていたら合格していた，つまり，$y_{x=1} = 1$ という出来事が書かれています．このような反事実的な量について，さらに考察するには，構造的因果モデルだけでなく，**潜在反応モデル (potential outcome model)** [45,82] とよばれる統計的因果推論の枠組みが役に立ちます．

2.5 ランダム化実験

ここまで，因果に関する概念とその数学的表現をいくつか紹介しました．この節では，因果関係を推測する上で，最も分析が単純になる**ランダム化実験 (randomized experiment)**（無作為化実験）という方法を，構造的因果モデルの枠組みで解説します．

薬と病気の例を用いて説明します．ランダム化実験では，まず，それぞれの個体が薬を飲むかどうか (x の値) をランダムに決めます．たとえば，表と裏の出る確率がそれぞれ 1/2 のコインを投げて，表が出れば薬を飲んでもらい，裏が出れば薬を飲まないでもらいます．すべての個体について，コインを投げて，それぞれが薬を飲むかどうかを決めます．このように決めると，薬を飲むかどうかは，ほかのどの変数とも独立に決まります．その後，それぞれの個体が 3 日後に病気にかかっているかどうか (y) を調べます．

薬を飲むかどうか (x) は，病気にかかっているかどうか (y) を調べるより，時間的に先行しています．そのため，3 日後に病気にかかっているかどうかを表す y が，薬を飲むかどうかを表す x の原因になることはありません．この時間的に先行しているという事前知識により，「薬 (x) から病気 (y) へ」という因果の向きしかありえないことがわかります．したがって，2 つの変数 x と y の構造方程式モデルは，次のように書けます．その因果グラフは図 **2.12** の右です．

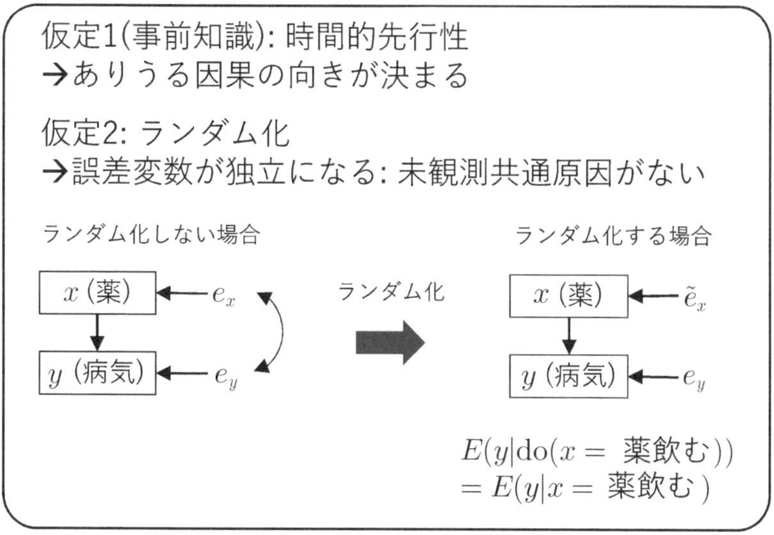

2.5 ランダム化実験

```
仮定1(事前知識): 時間的先行性
→ありうる因果の向きが決まる

仮定2: ランダム化
→誤差変数が独立になる: 未観測共通原因がない
```

ランダム化しない場合　　　　　　ランダム化する場合

x(薬) ← e_x　　ランダム化　　x(薬) ← $\tilde{e}_x$
↓　↕　　　　　　⇒　　　　　　↓
y(病気) ← e_y　　　　　　　　y(病気) ← e_y

$$E(y|\mathrm{do}(x = 薬飲む))$$
$$= E(y|x = 薬飲む)$$

図 2.12 ランダム化実験.

$$x = \tilde{e}_x \tag{2.14}$$
$$y = f_y(x, e_y) \tag{2.15}$$

式 (2.14) の右辺の誤差変数 $\tilde{e}_x$ は，成功確率 $1/2$ のベルヌーイ分布に従う確率変数です．表と裏の出る確率がそれぞれ $1/2$ のコインにあたります．$x(=\tilde{e}_x)$ が成功確率 $1/2$ のベルヌーイ分布に従うということは，薬を飲むかどうか（x の値）をランダムに決めることを表現しています．まず，誤差変数 $\tilde{e}_x$ の値として，1 または 0 が，$1/2$ の確率で生成され，それがそのまま x（薬を飲むかどうか）として観測されます．$x=1$ なら薬を飲み，$x=0$ なら薬を飲みません．

さらに，x の値はランダムに決めるので，その値の生成に寄与するような変数はありません．したがって，x と y 両方の値を部分的にでも決めるような共通原因はありません．y の値を決めるのに寄与する変数があっても，それが x の値を決めるのに寄与することはないからです．そのため，2 つの誤差変数 $\tilde{e}_x$ と e_y は独立です．図 2.12 の右にある因果グラフにおいても，$\tilde{e}_x$ と e_y の間に有向円弧はありません．

では,「薬を飲んでもらうと,3 日後に病気にかかっている個体の数が平均的にどのくらい変化するか」という平均因果効果を推定しましょう.そのために,介入して x の値を定数 c に定めた場合の構造方程式モデル $M_{x=c}$ を考えます.

$$x = c$$
$$y = f_y(x, e_y)$$

この介入後の構造方程式モデル $M_{x=c}$ において,$c=1$ とした場合の y の期待値 $E(y|\mathrm{do}(x=1))$ と,$c=0$ とした場合の y の期待値 $E(y|\mathrm{do}(x=0))$ を計算します.すると,平均因果効果は次のように書けます.

$$\begin{aligned}&E(y|\mathrm{do}(x=1)) - E(y|\mathrm{do}(x=0)) \\ &= E(f_y(1, e_y)) - E(f_y(0, e_y))\end{aligned} \tag{2.16}$$

y は 2 値変数なので,その期待値は病気にかかっている人の割合を表します.

一方,式 (2.14) と式 (2.15)(41 ページ)が表すランダム化実験の構造方程式モデルにおける do 記号のない通常の条件つき期待値の差は

$$\begin{aligned}&E(y|x=1) - E(y|x=0) \\ &= E(f_y(x, e_y)|x=1) - E(f_y(x, e_y)|x=0) \\ &= E(f_y(1, e_y)|x=1) - E(f_y(0, e_y)|x=0)\end{aligned} \tag{2.17}$$

です.

ここで,式 (2.14) より $x = \tilde{e}_x$ なので,x で条件づけても,$\tilde{e}_x$ で条件づけても,e_y の条件つき分布は同じです.つまり,

$$p(e_y|x) = p(e_y|\tilde{e}_x) \tag{2.18}$$

です.さらに,ランダム化実験では,2 つの誤差変数 $\tilde{e}_x$ と e_y は独立なので,$\tilde{e}_x$ で条件づけてもつけなくても,e_y の分布は変わりません.そのため,

$$p(e_y|\tilde{e}_x) = p(e_y) \tag{2.19}$$

です.なお,もし未観測共通原因が存在して,2 つの誤差変数が独立でなければ,$\tilde{e}_x$ で条件づけると,e_y の分布は変わってしまいます.

2.5 ランダム化実験

この 2 つの式 (2.18) と式 (2.19) から,

$$p(e_y|x) = p(e_y) \tag{2.20}$$

が成り立ちます.つまり,x を与えたときの e_y の条件つき分布 $p(e_y|x)$ は,e_y の分布 $p(e_y)$ と同じです.

この式 (2.20) により,式 (2.17) の続きを,次のように計算できます.

$$\begin{aligned}
&E(y|x=1) - E(y|x=0) \\
&= E(f_y(1, e_y)|x=1) - E(f_y(0, e_y)|x=0) \\
&= E(f_y(1, e_y)) - E(f_y(0, e_y))
\end{aligned} \tag{2.21}$$

したがって,式 (2.16) と式 (2.21) の 2 つが,結局等しいので,

$$E(y|\mathrm{do}(x=1)) - E(y|\mathrm{do}(x=0)) = E(y|x=1) - E(y|x=0) \tag{2.22}$$

となります.つまり,式 (2.22) の左辺の do 記号の入った平均因果効果が,右辺の do 記号の入っていない通常の条件つき期待値の差で書ける [70] ことがわかります.

do 記号の入った期待値を計算するためには,集団の個体すべての x の値を 1 または 0 に定めるという介入をする必要があります.そして,いったんどちらかに定めてしまったら,時間を巻き戻して,もう片方の値に定め直すことはできません.つまり,全員に薬を飲んでもらう場合に病気にかかっている人の割合 $E(y|\mathrm{do}(x=1))$ を計算してしまったら,全員に薬を飲まないでもらう場合に病気にかかっている人の割合 $E(y|\mathrm{do}(x=0))$ を計算することはできません.

一方,do 記号の入っていない通常の条件つき期待値を計算するためには,そのような集団の個体すべてへの介入をする必要はありません.集団の中で x の値が 1 である(薬を飲む)個体たちと 0 である(薬を飲まない)個体たちについて,それぞれ y の期待値(3 日後に病気にかかっている人の割合)を計算すればよいのです.そのため,$E(y|x=1)$ と $E(y|x=0)$ の両方を計算することができます.

このように,ランダム化実験では,do 記号の入った期待値の差である平均

因果効果 $E(y|\mathrm{do}(x=1)) - E(y|\mathrm{do}(x=0))$ を，do 記号の入っていない通常の条件つき期待値の差 $E(y|x=1) - E(y|x=0)$ によって推定することができます．

なお，ランダム化実験では，より一般的に，do 記号の入った介入後の分布は，do 記号の入っていない通常の条件つき分布と等しくなります．つまり，

$$p(y|\mathrm{do}(x=c)) = p(y|x=c)$$

が成り立ちます．誤差変数 $\tilde{e}_x$ と e_y が独立だからです．そのため，介入後の分布を，通常の条件つき分布で推定することができます．

そこで，ランダム化実験では，薬を飲む場合と飲まない場合とで，病気にかかっているかの分布が異なれば，つまり，

$$p(y|x=1) \neq p(y|x=0)$$

というように通常の条件つき分布が異なれば，「この集団において，薬を飲むかどうかが，病気が治るかどうかの原因となる」といえます．

2.6 本章のまとめ

本章では，統計的因果推論の代表的な枠組みである構造的因果モデルを解説しました．重要なことは，介入に基づいて定義される因果関係を数学的に記述するためには，確率論の言葉では足りないということです．そのため do という確率論にはない記号を新たに導入して介入という行動を表します．

因果効果の大きさを測るためには，相関係数ではなく，平均因果効果を計算します．ランダム化実験は平均因果効果の推定法の1つです．まず，時間的順序という事前知識から，ありうる因果の向きが決まります．そして，ランダム化によって，2つの誤差変数を独立にすることで，do 記号の入った期待値が通常の条件つき期待値と等しくなります．その結果，平均因果効果をデータから推定することができます．

しかし，ランダム化実験を行うことは一般に困難です．ランダム化実験が行えない場合の方法について，次の章から解説していきます．

Chapter 3

統計的因果探索の基礎

本章では，統計的因果探索の基礎を説明します．大まかにいえば，統計的因果探索とは，データから因果グラフを推測することです．技術的課題とアプローチを紹介します．

3.1 動機

統計的因果推論の研究は，大きく2つに分かれます．1つは，因果グラフを既知として，どのような条件で因果に関する予測や説明が可能なのかを明らかにする研究[45,71]です．もう1つは，因果グラフを未知として，どのような条件で因果グラフが推測可能なのかを明らかにする研究[71,97]です．分かれる観点は，因果グラフを既知とするか未知とするかです．因果グラフを未知とする後者を，特に**統計的因果探索**とよびます．

もちろん，両者は別物ではなく密接に関連しています．たとえば，後者の方法で因果グラフを推測し，その推測された因果グラフと前者の方法を組み合わせて，因果に関する予測や説明を行えます．

実質科学の研究者は，さまざまな現象の因果関係について仮説を立てます．ただし，その分野の背景理論だけでは，仮説の候補を1つに絞れないことがあります．その場合は，複数の候補をデータを用いて比較したりします．また，背景理論が十分でなく，そもそも仮説の候補を考えることが難しい場合もあります．そのような場合は，データを用いて仮説の候補を探索したりします．どちらの場合にも，統計的因果探索が役立ちます．

統計的因果探索が必要とされる例を挙げます．抑うつ気分の強い人ほど，睡眠障害の度合いが強い傾向にあるという相関関係が報告されています．たとえば，ある疫学調査[78]によると，抑うつ気分と睡眠障害の度合いの相関係数は 0.77 だそうです[81]．そこで，疫学の研究者は，この相関関係を説明するような因果関係の候補をいろいろと考えます．たとえば，

1. 睡眠障害が抑うつ気分の原因となる．
2. 抑うつ気分が睡眠障害の原因となる．
3. 抑うつ気分と睡眠障害は因果関係にない．

というような候補です．この3つの仮説候補を表す因果グラフを図 3.1 の下に示します．もちろん，第4の候補として，抑うつ気分と睡眠障害が互いに原因でもあり結果でもあるという双方向の因果関係も考えられます．そのようなモデルについては第6章で触れます．それまでは，一方向の因果関係を考えます．

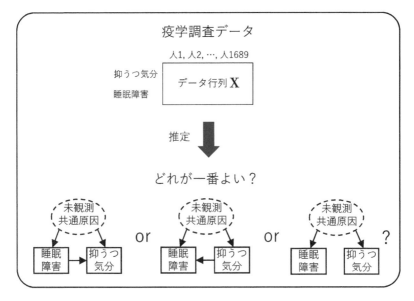

図 3.1　因果方向に関する仮説を比較．誤差変数は省略．

もし図 3.1 下の左の因果グラフのように，睡眠障害が原因で抑うつ気分が結果であれば，何らかの方法で睡眠障害の度合いを下げれば，抑うつ気分を下げることができるかもしれません．しかし，もし中央の因果グラフのように，抑うつ気分が原因で睡眠障害が結果であれば，睡眠障害の度合いを下げたとしても，抑うつ気分は変化しません．そして，右の因果グラフのように，そもそも抑うつ気分と睡眠障害が因果関係になければ，睡眠障害の度合いを変化させても，抑うつ気分はもちろん変化しません．

2.5 節のランダム化実験を行えば，抑うつ気分と睡眠障害の因果関係を調べることができ，因果グラフを推測することができます．たとえば，睡眠障害の度合いを，大小 2 種類設定します．コイン投げをして，表が出れば，睡眠障害の度合いを「大」と設定した水準まで変化させてもらいます．裏が出れば，睡眠障害の度合いを「小」と設定した水準まで変化させてもらいます．そして，睡眠障害の度合いの大小で抑うつ気分の度合いの分布が異なれば，睡眠障害が抑うつ気分の原因となるといえます．図 3.1 の 3 つの因果グラフのうち，これに合うのは，左のみです．このようにして，ランダム化実験によって因果グラフを推測することができます．

しかし，実際にランダム化実験を行うことは簡単ではありません．ランダム化の結果に合わせて，つまり，コイン投げの結果に合わせて，睡眠障害や抑うつ気分の度合いを，設定した水準まで大きくしてもらったり，小さくしてもらったりすることは倫理的にも技術的にも難しいからです．また，水準の選択も簡単ではありません．「大」と「小」の度合いをどのくらいに設定するかによっては，因果関係を見逃す可能性があります．

本書では，そのようなランダム化実験を行わずに，因果グラフを推測する方法を扱います．つまり，ランダム化実験の肝であるランダム化を行わない方法です．ただし，その代わり，ランダム化実験ではおく必要がない仮定を追加する必要があります．そのため，ランダム化実験に取って代わる方法というわけではありません．ランダム化実験を行う前に仮説を練る助けにしたり，ランダム化実験が行えないときに最善を尽くすための方法です．

3.2 因果探索の枠組み

第 1 章では，チョコレートの消費量とノーベル賞の受賞者数を例に，擬似

相関の問題を説明しました．擬似相関とは，相関関係と因果関係とのギャップ（隔たり）です．では，このギャップが埋まる場合はあるのでしょうか．もし埋まるとすれば，どんな条件が必要でしょうか．このような疑問に答えようと取り組まれてきたのが統計的因果探索の研究です．

今はまだ，これらの疑問に完全に答えられるほど研究が進んでいるわけではありませんが，少しずつ糸口が見つかりつつあります．たとえば，2つの変数が異なる因果関係にあっても，相関関係は同じになることがあります．1つの相関関係に複数の因果関係が対応するので，相関係数の値を手がかりに，それら因果関係を区別することはできません．しかし，相関係数は同じでも，それ以外の違いが観測変数の分布に現れる場合があることがわかってきたのです [85, 86, 110]．その違いを利用すれば，同じ相関関係を与える因果関係であっても，区別することができます．統計的因果探索では，「どのような条件が成り立てば，観測変数の分布に違いが現れるのか」を考察するための枠組みとして，第2章で解説した構造的因果モデルを用います．

3.3 因果探索の基本問題

まず，構造的因果モデル [71] の枠組みで，因果探索の基本問題を説明します．図にまとめると，図 3.2 のようになります．まず，図 3.2 の 3 つのモデル

$$\text{モデル A}: \begin{cases} x = f_x(z, e_x) \\ y = f_y(x, z, e_y) \\ p(z, e_x, e_y) = p(z)p(e_x)p(e_y) \end{cases}$$

$$\text{モデル B}: \begin{cases} x = f_x(y, z, e_x) \\ y = f_y(z, e_y) \\ p(z, e_x, e_y) = p(z)p(e_x)p(e_y) \end{cases}$$

$$\text{モデル C}: \begin{cases} x = f_x(z, e_x) \\ y = f_y(z, e_y) \\ p(z, e_x, e_y) = p(z)p(e_x)p(e_y) \end{cases}$$

を考えます．x と y は観測変数であり，内生変数です．z は未観測共通原因，

e_x と e_y は誤差変数で,すべて未観測の外生変数です.

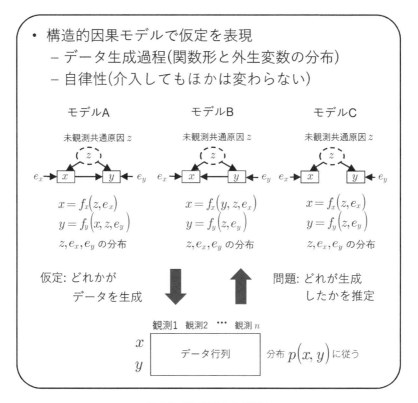

図 3.2 因果探索の基本問題.

外生変数 z, e_x, e_y は独立だとします.そのため,その確率密度関数 $p(z, e_x, e_y)$ は,それぞれの周辺密度関数 $p(z)$, $p(e_x)$, $p(e_y)$ の積で書けます.この外生変数の独立性は,z 以外に未観測共通原因がないことを意味します.ただ,未観測共通原因を z のみにしているのは説明を簡単にするためであって,未観測共通原因を 1 つしか許さないという意味ではありません.複数の未観測共通原因を扱うこともできます.第 5 章で詳しく説明します.

第 2 章で触れたように,介入を構造方程式モデルによって定義するために,

「構造方程式のどれを取り替えても，それ以外の構造方程式の関数や外生変数の分布は変わらない」という**自律性 (autonomy)** を仮定しています．

3つのモデル A, B, C の因果グラフは，図 3.2（前ページ）の中ほどにあります．第 1 章のチョコレートとノーベル賞の例でいえば，x はチョコレートの消費量，y はノーベル賞の受賞者数，z は GDP にあたります．第 2 章の薬と病気の例でいえば，x は薬を飲むかどうか，y は病気にかかっているかどうか，z は，病気の重症度にあたります．

では，因果探索の基本問題が何かを説明します．まず，この 3 つのモデル A, B, C のどれかからデータ行列 $\mathbf{X}$ が生成されたと仮定します．つまり，3 つのモデルの観測変数 x と y の確率分布 $p(x,y)$ のどれかから生成されたと仮定します．データ行列 $\mathbf{X}$ の大きさは $2 \times n$ です．n は観測数を表します．すると，データ行列 $\mathbf{X}$ は，次のように書けます．

$$\mathbf{X} = \left[\begin{array}{cccccc} x^{(1)} & x^{(2)} & \ldots & x^{(m)} & \ldots & x^{(n)} \\ y^{(1)} & y^{(2)} & \ldots & y^{(m)} & \ldots & y^{(n)} \end{array} \right]$$

記号 $x^{(m)}$ と $y^{(m)}$ はそれぞれ，m 番目の観測の x と y の値です（$m = 1, \ldots, n$）．たとえば，$x^{(1)}$ と $y^{(1)}$ が，国$^{(1)}$ のチョコレート消費量とノーベル賞の受賞者数を表します．もちろん，3 つのうち，どのモデルからデータ行列 $\mathbf{X}$ が生成されたかを私たちは知りません．

この設定で，データ行列 $\mathbf{X}$ を生成したのが 3 つのモデルのうちのどれなのかを推測します．これが，因果探索の基本問題です．なぜ基本かというと，3 変数以上のモデルを推定する場合も，結局この問題に行き着くからです．

構造的因果モデル A, B, C のいずれにおいても，まず，外生変数の確率密度関数 $p(z, e_x, e_y)$ に基づいて，外生変数 z, e_x, e_y の値が生成されます．そして，それぞれの値が関数 f_x と f_y によって変換されて，内生変数 x と y の値になります．

このように，関数形と外生変数の分布は，構造的因果モデルの重要な構成要素です．どういう関数 f_x と f_y で値が決まるのか，外生変数 z, e_x, e_y はどういう分布に従うのか，この 2 つが決まると，内生変数 x と y の分布が決まります．これら内生変数 x と y はどちらも観測変数ですから，この 2 つの変数の確率分布 $p(x,y)$ から，もとの因果グラフを推測します．

統計的因果探索では，「関数形と外生変数の分布にどのような仮定が成り

立てば，もとの因果グラフをどの程度推測できるのか」を明らかにすることが主要な研究課題です．たとえば，関数形と外生変数の分布に何らかの仮定をおいたとき，「因果グラフの構造が異なれば，観測変数の分布が異なる」としましょう．因果グラフの構造というのは，因果の向きや有無をそれぞれ表す有向辺の向きや有無，そして未観測共通原因の存在を示唆する有向円弧の有無などです．その場合は，観測変数の分布を手がかりに，もとの因果グラフを復元することができます．つまり，一意に推測することが可能です．このとき，「その仮定の下で，因果グラフが識別可能である」といいます．一方，ある仮定の下では，「因果グラフの構造が異なっていても，観測変数の分布が同じになることがある」としましょう．その場合は，もとの因果グラフを復元できるとは限らず，その仮定の下で因果グラフは識別可能ではありません．

3.4 因果探索の基本問題への3つのアプローチ

因果探索の基本問題へのアプローチは，大きく分けて3つあります．分ける基準は，48ページの3つのモデルA, B, Cにおいて，「関数f_xとf_yにどのような仮定をおくのか」と「外生変数z, e_x, e_yの分布$p(z), p(e_x), p(e_y)$にどのような仮定をおくのか」の2つです．

3.4.1 ノンパラメトリックアプローチ

1つめのアプローチは，関数形にも外生変数の分布にも仮定を「おかない」アプローチ[71,97]です．関数形は，線形でも非線形でも何でもよいとします．外生変数の分布も，ガウス分布でもそれ以外の分布でも何でもよいとします．これは，ノンパラメトリックアプローチ (**non-parametric approach**) とよばれます．ただ，因果関係が一方向であるという仮定はおいているので，なにも仮定していないわけではありません．一方向であるという仮定は，たとえばモデルAであれば，関数f_xがyを引数にもっていないことによって表現されています．

このアプローチは，仮定は緩いのですが，その代わり3つのモデルA, B, Cのうち，どのモデルがデータ行列$\mathbf{X}$を生成したかは推測できません．どちらかというとこのアプローチは，因果グラフを復元することが目的という

よりも,「できるだけ仮定をおかずに,データのみからどの程度推測できるか」という限界を明らかにすることに力点があります.

したがって,「関数形にも外生変数の分布にも仮定をおかない場合,因果探索の基本問題は解けない」ことが判明すれば,このアプローチとしては,それで十分ともいえるでしょう.理論的理解が深まったからです.ただ,データ解析法として見たときには,十分とはいえないかもしれません.分析者が比較したい3つのモデルのうち,どのモデルがよいか結局比較できないからです.

3.4.2　パラメトリックアプローチ

では,2つめのアプローチとして,関数形にも外生変数の分布にも仮定をおいたらどうなるのでしょうか.これを,**パラメトリックアプローチ (parametric approach)** とよびます.分析者の事前知識を仮定としてモデルに取り入れます.また,「もしこれこれの仮定をおいたら,どういう分析結果になるだろうか」といろいろ試してみることも,現象を理解するために役立つでしょう.もちろん,仮定の妥当性を実質科学の観点から検討したり,方法論の観点から評価したりします.ほかにも,仮定を入れるおかげで,モデルが比較的単純になり,数理的な取り扱いが楽になったり,推定に必要な観測数が小さくなったりする利点があります.

実際には,1.3節の数値例のように,関数形に線形性を,外生変数の分布にガウス分布を仮定することが多いです.伝統的に,線形性とガウス分布は,はじめに試される仮定だからです.この場合,観測変数の分布もガウス分布になり,数理的な取り扱いが比較的容易になります.また,学問の発展過程としても,まず線形かつガウス分布の場合が研究され,その後に非線形や非ガウス分布の場合へと拡張されるというのが定番です.

現実に,厳密な線形性が成り立つかといえば,難しいでしょう.とはいうものの,一口に非線形性といっても,線形でないというだけであって,実際には,さまざまな種類の非線形性があります.適切な非線形性の選択は,簡単ではありません.また,非線形性の推定には,大きな観測数が必要であることも多いです.

実際,実質科学の研究者の中には,因果関係の有無などの定性的な関係を推測するには,たとえ本当は非線形であったとしても,線形性を仮定する方法

の方がうまくいく場合は多いと述べる人もいます[37,74].そうだとすると,パラメトリックアプローチとノンパラメトリックアプローチを組み合わせることも選択肢の1つでしょう.たとえば,まず,パラメトリックアプローチで定性的な因果関係を表す因果グラフを推測します.そして,そのグラフを基に,因果効果の大きさを定量化する平均因果効果をノンパラメトリックアプローチで推測することも考えられます.

では,伝統に従って,関数形には線形性を,外生変数の分布にはガウス分布を仮定したら,どうなるのでしょうか.関数形と外生変数の分布の両方をそれぞれ1種類に限定する仮定をおいたので,この設定なら,因果探索の基本問題を解けそうにも思えます.しかし,実はこれらの仮定をおいても,A,B,Cのうち,どのモデルがデータ行列$\mathbf{X}$を生成したのかは推測できません.あとで説明しますが,この設定では,どのモデルでも同じ観測変数の分布になってしまうからです.

3.4.3 セミパラメトリックアプローチ

そして,3つめは,関数形には仮定をおく一方,外生変数の分布には仮定をおかないアプローチです.このアプローチを**セミパラメトリックアプローチ (semi-parametric approach)** とよぶことにします.「セミ」を使うのは,パラメトリックアプローチとノンパラメトリックアプローチの両方の特徴をもつからです.

本書で解説する統計的因果探索法は主に,このセミパラメトリックアプローチ[85,86,110]です.特に,関数形に線形性を,外生変数の分布に非ガウス分布を仮定するアプローチ[85,86]を解説します.これを **LiNGAM アプローチ (LiNGAM approach)** とよびます.LiNGAM は,**Linear Non-Gaussian Acyclic Model**(線形非ガウス非巡回モデル)の頭文字です.外生変数の分布が非ガウス分布である,つまりガウス分布ではない連続分布であるという仮定をおくアプローチです.ガウス分布でさえなければ,どんな連続分布でもかまいません.したがって,外生変数の分布について,ほぼ何も仮定をおいていないといえます.つまり,関数形には,線形性というパラメトリックアプローチと同様の仮定をおく一方,外生変数の分布には,ガウス分布以外の連続分布であれば何でもよいというノンパラメトリックアプローチのような仮定をおきます.なお,この場合,観測変数の分布は非ガウス分

布になります.

さて，LiNGAMアプローチの特長は，3.3節の因果探索の基本問題を解けることです．つまり，データ行列 $\mathbf{X}$ が，3つのモデル A, B, C のうち，どれから生成されたかを推測できます[35,87]．線形性と非ガウス分布の仮定が成り立てば，モデル A, B, C の観測変数の分布が異なることを示せます．その違いを利用してもとの因果グラフを推測します．

この特長は，非ガウス分布を仮定することに起因します．非ガウス分布には，ガウス分布より多くの情報が含まれるためです．どういうことか次節で説明します．なお，本書では，特に断りのない限り，非ガウス分布といえば，非ガウス連続分布を指します．離散分布も非ガウス分布ですが，原則として，離散分布は含みません．

A) ガウス分布と非ガウス分布

ガウス分布は，平均ベクトルと分散共分散行列の値が決まると，分布の形が1つに決まる特殊な分布です．平均ベクトルは，その成分が各変数の平均であるベクトルです．分散共分散行列は，その成分が各変数の分散と共分散である行列です．この平均ベクトルと分散共分散行列のように，分布の形を決める特性をパラメータと呼びます．一方，ガウス分布の場合とは異なり，非ガウス分布の場合は，平均ベクトルと分散共分散行列が決まっただけでは，分布の形は決まりません．

図 3.3 に，1変数の場合のガウス分布と非ガウス分布の形をいくつか例示します．ガウス分布と異なる分布が非ガウス分布です．たとえば，図の左上のようにガウス分布は対称です．そのため，図の右上にあるような非対称な分布は非ガウス分布です．このような非対称な分布の形を表現するためには，どのくらい左右に歪んでいるかを表すパラメータが必要です．また，ガウス分布より，尖っていたり凹んでいたりする分布も非ガウス分布です．図の左下は，ガウス分布より尖った分布で，右下は，ガウス分布より凹んだ分布です．これらの分布の形を表現するためには，どのくらい尖っているか，凹んでいるかを表すパラメータが必要です．また，歪み方と尖り方の両方のパラメータが必要な場合もあります．もちろん，それ以外にも，ガウス分布にはない特性を表すパラメータが必要なことがあります．

図 3.3 の左上のガウス分布では，歪み方も尖り方も，平均と分散の値によらず，あらかじめ決まっています．たとえば，ガウス分布は平均を中心に左

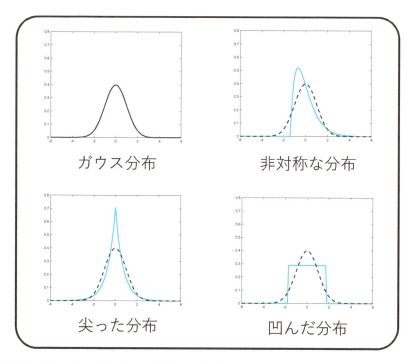

図 3.3 左上:ガウス分布．右上:非対称な分布．左下:ガウス分布より尖った分布．右下:ガウス分布より凹んだ分布．黒線はガウス分布の形．

右対称です．そのため，歪み方の度合いを表す指標である歪度は，平均と分散の値が何であっても常に0です．また，尖り方の度合いを表す指標である尖度の値も常に一定の値をとります．その値は，尖度の定義によりますが常に0または3で，平均や分散の値には依存しません．同様に，2変数以上の場合のガウス分布でも，平均と分散・共分散の値が決まれば，それ以外の特性は自動的に決まります．つまり，ガウス分布のもつ情報はすべて，平均と分散・共分散に集約されています．

一方，非ガウス分布では，平均と分散・共分散の値が決まっても，歪み方や尖り方は，あらかじめ決まっているとは限りません．たとえば，図3.3の右上の分布は，非対称です．この非対称な分布は，図の左上のガウス分布と同じ平均と分散をもちます．しかし，対称なガウス分布とは異なり，原点から右の遠くの方に大きな値が出やすく，歪んでいます．この非対称な分布の

形を決めるには，平均と分散の値に加えて，歪み方についての情報が必要です．また，図の左下や右下の分布は，ガウス分布と同じく対称です．しかし，ガウス分布よりも尖っていたり，凹んでいたりします．これらの分布の形を決めるには，尖り方や凹み方についての情報が必要です．

このように，非ガウス分布のもつ情報は，平均と分散に集約されているわけではありません．たとえば，歪度とよばれる指標は，分布がどのように歪むのか，どのくらい歪むのかを表します．おおまかにいえば，歪度が正の値をとれば，右に歪み，負の値をとれば，左に歪みます．そして，その値の絶対値が大きいほど，大きく歪みます．つまり，非対称な分布では，歪度にも分布の形に関する情報が含まれています．したがって，非ガウス分布のもつ情報は，歪度や尖度などの特性にも含まれるといえます．それらの特性の分だけ，非ガウス分布はガウス分布よりも多くの情報を含んでいます．

LiNGAM アプローチでは，このようなガウス分布にはない情報も用いて，因果グラフを推測します．ガウス分布にはないような非ガウス分布がもつ情報を用いることを，非ガウス性を利用するといいます．セミパラメトリックアプローチの1つである LiNGAM アプローチは関数形に線形性を仮定しますが，非線形性を許すセミパラメトリックアプローチもあります．非線形といっても，ノンパラメトリックアプローチとは違い，何も仮定をおかないわけではありません．非線形性の種類は限定します．ただし，非線形性を許す場合も，観測変数の非ガウス性を利用する点は同じです．一般に，ガウス分布に従う変数であっても非線形変換をすれば，非ガウス分布に従うからです．

先に述べたように，非ガウス性を利用する LiNGAM アプローチには，因果探索の基本問題が解けるという特長があります．ただ，非ガウス分布を仮定することに抵抗がある人もいるようです．その理由の1つは，伝統的にガウス分布の仮定が用いられてきたことでしょう．その伝統の一方で，現実のデータが非ガウス分布に従うことはよくあるという指摘が，多くの実質科学分野でなされてきました [42, 62, 64, 94, 95]．現実の確率分布は，多かれ少なかれガウス分布とは異なるという指摘です．ガウス分布は，単に現実の分布を近似するモデルの1つなので，もっともな指摘です．また，非ガウス性を利用して構造方程式モデルを推定するという着想 [4, 66] も，すでに1980年代にはありました．さらに，第4章で触れる独立成分分析は，非ガウス性を利用する機械学習・信号処理の技術です．このように，非ガウス分布に従うデー

タが実際に得られることも，非ガウス性を推定に利用することも，めずらしいことではありません．この流れを汲み，LiNGAMアプローチを含むセミパラメトリックアプローチでも，非ガウス性を推定に利用します．

B) 仮定の選択はよい塩梅を総合的に判断

ここまでは，3.3節の因果探索の基本問題の枠組みで，関数形と外生変数の分布に関する仮定の種類に応じて，3つのアプローチを説明してきました．関数形の仮定のみに着目すれば，関数形を線形に限定するアプローチよりも，非線形性を許すアプローチの方が仮定は緩いです．ただ，因果探索の基本問題では，関数形以外にも，一方向の因果関係であるという仮定や，因果グラフの構造や因果効果の大きさに個体差がないという仮定をおいています．そのため，単に非線形性を許すよりも，たとえば，関数形の仮定は線形のまま，双方向の因果関係を許したり，因果グラフの構造や因果効果の大きさに個体差を許したりする方が，総合的には仮定は緩くなるでしょう．もちろん，さらに関数形を非線形にすることも考えられます．しかし，モデルが複雑になりすぎると，現実に手に入る規模の観測数では十分な精度で推定することが難しくなります．統計的因果探索では，現象の数理モデルをつくることではなく，データ解析の道具をつくることが目的です．したがって，できるだけ現実に即しつつ，適度な観測数で推定可能になるように，よい塩梅で仮定を選択することが重要です．

3.5 3つのアプローチと識別可能性

ノンパラメトリックアプローチ，パラメトリックアプローチ，セミパラメトリックアプローチの3つのアプローチを，因果グラフの**識別可能性 (identifiability)** の観点から比較します．ある仮定の下で，「因果グラフの構造が異なれば，観測変数の分布が必ず異なる」場合，その仮定の下で因果グラフは識別可能であるといいます．観測変数の分布の違いを手がかりに，もとの因果グラフを復元可能だからです．一方，「因果グラフの構造が異なっても，観測変数の分布が同じになることがある」場合，因果グラフは識別可能ではないといいます．観測変数の分布に違いが現れなければ，もとの因果グラフを復元する手がかりがないからです．

ノンパラメトリックアプローチ，パラメトリックアプローチ，セミパラメ

トリックアプローチの3つのアプローチは，それぞれ仮定が異なるため，因果グラフが識別可能かどうかも異なります．以下では，それらの違いを，モデルを使って説明していきます．

説明を簡単にするために，しばらく，未観測共通原因はないと仮定します．いいかえると，共通原因にあたる変数はすべて観測されていると仮定します．例を挙げましょう．図3.4を見てください．第1章のチョコレートとノーベル賞の例の因果グラフです．図3.2（49ページ）のような構造的因果モデルの式は書いていませんが，省略しているだけです．

上段の3つのモデルでは，変数 z (GDP) は，変数 x（チョコレートの消費量）と変数 y（ノーベル賞の受賞者数）の未観測共通原因です．この変数 z (GDP) の値が，各国について収集されているという仮定をおいて，未観測共通原因をなくします．つまり，z (GDP) を観測変数にします．すると，因果グラフは図3.4の下段のようになります．

下段の3つのモデルでは，z (GDP) が四角で囲まれています．これは，z (GDP) が観測変数であることを表しています．上段のモデルでは，z (GDP) が未観測共通原因なので，観測変数は，x（チョコレートの消費量）と y（ノーベル賞の受賞者数）の2つです．一方，下段のモデルでは，z (GDP) が観測変数になったため，観測変数の数は3つです．そのため，x（チョコレートの消費量）と y（ノーベル賞の受賞者数）という2つの観測変数に，観測済みの共通原因 z (GDP) を加えて，観測変数が3つのモデルを考えることになります．同様に，未観測共通原因が2つある場合は観測変数が4つのモデルを，3つある場合は観測変数が5つのモデルを考える必要があります．このように未観測共通原因がないと仮定する場合は，共通原因の分だけ多くの変数を分析する必要があります．

では，図3.4のような未観測共通原因が1つの場合に話を戻しましょう．下段の3つの因果グラフは，未観測共通原因である z (GDP) を観測した場合です．これらの因果グラフの構造は異なります．左のグラフでは，x（チョコ）が原因で y（賞）が結果です．一方，中央のグラフでは，その逆で，y（賞）が原因で x（チョコ）が結果です．右のグラフでは，x（チョコ）と y（賞）は因果関係にありません．ただし，x（チョコ）と z (GDP) の組，そして y（賞）と z (GDP) の組の因果関係は3つのモデルで共通しています．どのモデルでも，z (GDP) が x（チョコ）と y（賞）の原因です．

3.5 3つのアプローチと識別可能性

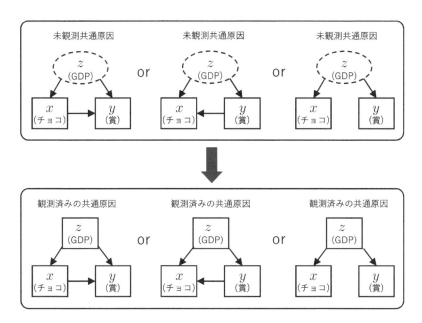

図 3.4 未観測共通原因にあたる変数がないように，未観測共通原因を観測して観測済み共通原因にします．誤差変数は省略．

未観測共通原因 z (GDP) を観測したため，x（チョコ）と y（賞）に関する因果探索の基本問題は次のように変わります．x（チョコ）と y（賞）の2変数モデルでなく，x（チョコ）と y（賞）に z (GDP) を加えた3変数のモデルを考えて，「図 3.4 の下段の3つの因果グラフ候補のいずれかからデータ行列が生成されたとして，もとの因果グラフを復元する」という問題に変わります．

ただ，未観測共通原因がない場合の因果探索においては，もう少し一般化した設定で考えます．もちろん，識別可能性の議論に関する本質的な点は変わりません．具体的には，x と z，y と z の間の因果関係も未知とする設定で考えます．その分，因果グラフ候補の数が増えます．一方向の因果関係を仮定しても，2つの変数の間の関係は3種類あるので，3変数の場合は $3^3 = 27$ 通りの因果グラフ候補があります．それらの候補を，**図 3.5**（次ページ）に示します．

60 Chapter 3 統計的因果探索の基礎

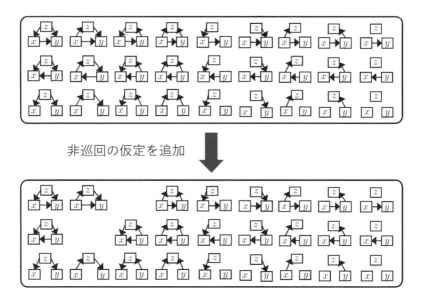

図3.5 上：3変数の因果グラフ候補：一方向の因果関係であり，かつ未観測共通原因がない場合．
下：3変数の因果グラフ候補：さらに，非巡回の仮定を追加した場合．
誤差変数は省略．

図3.5の上段の因果グラフ候補のうち，上から1段目の左から3番目にある因果グラフを見てください．xから矢印が出てyに入っています．いいかえると，xからyへの有向辺があります．そして，yからzへの有向辺があり，さらにzからxへの有向辺があります．つまり，矢印をたどっていくと，xから出発して，yとzを経由し，xに戻ることができます．このように，有向辺の向きにしたがって辺をたどっていくと，もとの場所に戻るようなグラフの構造を**閉路 (cycle)** といいます．そして，すべての辺が有向辺であり，閉路が1つでもあるグラフを**有向巡回グラフ (directed cyclic graph)** といいます．また，すべての辺が有向辺であり，閉路が1つもないグラフを**有向非巡回グラフ (directed acyclic graph)** といいます．たとえば，図3.5の因果グラフ候補は，どのグラフの辺もすべて有向辺です．そして，今例に挙げた，上から1段目の左から3番目にある因果グラフは，閉路があるので，有向巡回グラフです．また，上から1段目の左から1番目にある因果グラフ

は，閉路がないので，有向非巡回グラフです．

どのような仮定をおくかによって，因果グラフ候補は変わります．因果関係が一方向であるという仮定と未観測共通原因がないという仮定をおく場合，図3.5の上段のグラフ群が因果グラフ候補です．この中から，データの生成に用いた因果グラフを見つけることができるなら，因果グラフはデータから識別可能であるといえます．さらに，因果グラフに閉路がない，つまり，非巡回であると仮定すると，図3.5の上段の上から1段目の左から3番目のような巡回グラフは因果グラフ候補から除かれます．そして，図の下段のグラフ群が因果グラフ候補になります．

3.5.1　未観測共通原因がない場合の基本的な問題設定

では，未観測共通原因がない場合の基本的な問題設定を構造的因果モデルの枠組みで表現しましょう．その基本的な設定を用いて，ノンパラメトリックアプローチ，パラメトリックアプローチ，セミパラメトリックアプローチの3つのアプローチを識別可能性の観点から比較します．

今は観測変数が2個や3個の場合を考えていましたが，一般化して観測変数が p 個の場合を考えましょう．その p 個の観測変数を $x_1, x_2, \ldots, x_p$ で表します．そして，各変数 x_i $(i = 1, \ldots, p)$ のデータ生成過程を構造方程式を用いて次のように表しましょう．

$$x_i = f_i(x_1, \ldots, x_{i-1}, x_{i+1}, \ldots, x_p, e_i) \quad (i = 1, \ldots, p) \quad (3.1)$$

この構造方程式は，「左辺の観測変数 x_i の値が，右辺の関数 f_i の出力として決まる」ことを表しています．その際の関数 f_i への入力は，観測変数 $x_1, \ldots, x_{i-1}, x_{i+1}, \ldots, x_p$ の値と誤差変数 e_i の値です．なお，入力である観測変数 $x_1, \ldots, x_{i-1}, x_{i+1}, \ldots, x_p$ ですが，x_{i-1} の次を，x_i を飛ばして，x_{i+1} と書いています．こう書くことで，x_i を含まないことを表しています．式 (3.1) の構造的因果モデルの因果グラフを描くと，図3.6（次ページ）の左のようになります．今は，何も仮定をおいていないので，すべての観測変数間に双方向の因果関係が許されており，すべての誤差変数間に従属性が許されているためです．

さて，このままでは仮定が緩すぎて，識別可能性について考察するための糸口を見つけることが，簡単ではありません．そのため，どういう意味をも

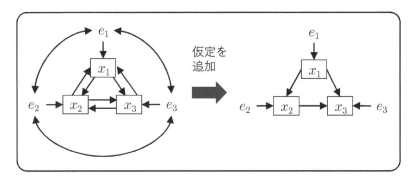

図 3.6 左：未観測共通原因の存在も双方向の因果関係も許されている場合の因果グラフ，3 変数の場合．右：未観測共通原因がなく因果関係が非巡回である場合の因果グラフ，つまり有向非巡回グラフの一例．

つかが明確で，なおかつ，そこそこ受け入れ可能な仮定を追加していきます．追加した仮定の下での識別可能性を数学的に明らかにできたら，それらの仮定を少しずつ外していきます．このようにして，統計的因果探索の分野では，データからどこまで因果グラフを復元できるのかを段階的に明らかにしようとしています．

追加する仮定として典型的なものが，「誤差変数 e_i $(i = 1, \ldots, p)$ は独立である」という仮定です．第 4 章でも説明しますが，この仮定は未観測共通原因がないことを意味しています．次に，因果関係が非巡回であると仮定するのが一般的です．非巡回であれば，どの変数から出発しても，有向辺の向きに従って辺をたどる限り，もとの変数には戻れません．誤差変数の独立性と因果関係の非巡回性を仮定すると，式 (3.1)（前ページ）の構造方程式モデルの因果グラフは，たとえば，図 3.6 右にあるような有向非巡回グラフになります．より正確には，図 3.6 右の因果グラフを含む有向非巡回グラフのどれかになります．

なお，有向非巡回グラフにおける変数間の関係を，家系図に着想を得て表現することが一般的です．図 3.7 に一例を示します．ここでは，x_3 を基準にして説明します．x_2 から x_3 へ有向辺があるので，x_2 は x_3 の**親 (parent)** であるといいます．また，x_3 から x_4 へ有向辺があるので，x_4 は x_3 の**子 (child)** であるといいます．同様に考えて，x_3 の親である x_2 の親 x_1 は，x_3

の祖先 (**ancestor**) であるといいます．そして，x_3 の子である x_4 の子 x_5 は，x_3 の**子孫** (**descendant**) であるといいます．ただし，親は祖先でもありますし，子は子孫でもあります．また，x_6 は，祖先 x_1 の子のひとりであり，x_3 の子孫ではないので，x_3 の**非子孫** (**non-descendant**) であるといいます．「非子孫」とは文字通り，単に「子孫でない」というだけです．そのため，このグラフでは，x_3 の非子孫は，x_6 に加えて，親である x_2，その x_2 の子である x_7，祖先である x_1，家系図で血縁関係にない x_8 です．このような家系図にちなんだ用語を本書でも用います．

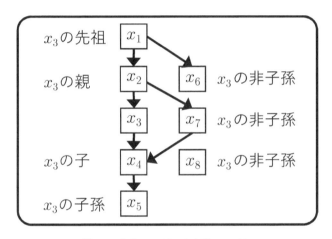

図 3.7　家系図に見立てた変数間の関係．

では，式 (3.1) の構造方程式モデルに，誤差変数が独立であるという仮定と因果関係が非巡回であるという仮定を追加します．その場合の構造方程式モデルは，次のように制限されます．

$$x_i = f_i(\mathrm{pa}(x_i), e_i) \quad (i = 1, \ldots, p) \tag{3.2}$$

右辺の関数 f_i の引数である $\mathrm{pa}(x_i)$ は，観測変数 x_i の親にあたる観測変数の集合です．pa は，英語の parents の最初の 2 文字です．図 3.7 の因果グラフであれば，観測変数 x_3 の親の集合は $\mathrm{pa}(x_3) = \{x_2\}$ です．そして，観測変数 x_4 の親の集合は $\mathrm{pa}(x_4) = \{x_3, x_7\}$ です．また，観測変数 x_1 には，親と

なる変数がないので，親の集合は空集合です．つまり，$\mathrm{pa}(x_1) = \{\}$です．記号 $\{\}$ のカッコの間に何もありません．これは x_1 に親がないことを示しています．なお，家系図から着想を得てはいますが，家系図そのものではないので，親にあたる変数がなくてもかまいませんし，親が2変数でなく1万変数あってもかまいません．

そして，誤差変数 e_i ($i=1,\ldots,p$) は独立です．繰り返しになりますが，誤差変数が独立であることは，未観測共通原因がないことを意味します．そのため，この構造方程式モデルの因果グラフにあるのは，有向辺のみです．誤差変数が独立なので，誤差変数の間に有向円弧がないからです．また，因果関係は非巡回と仮定したので，その因果グラフに閉路はありません．すべての辺が有向辺であり，閉路がないので，この構造方程式モデルの因果グラフは有向非巡回グラフです．

式 (3.2)（前ページ）の構造方程式モデルの具体例を挙げます．たとえば，

$$x_1 = e_1$$
$$x_2 = \log(x_1/e_2)$$
$$x_3 = 5x_1 + e_3$$

という構造方程式で，誤差変数 e_1, e_2, e_3 が，平均が0で分散が1のガウス分布に従う場合です．この場合，$\mathrm{pa}(x_1) = \{\}$, $\mathrm{pa}(x_2) = \{x_1\}$, $\mathrm{pa}(x_3) = \{x_1\}$ です．関数 f_i がどんな関数であるかにより，どの観測変数がどの観測変数の親になりうるかが決まり，そして因果グラフが決まります．このモデルの因果グラフは，**図3.8** の左の有向非巡回グラフです．また，

$$x_1 = e_1$$
$$x_2 = 3x_1 x_3 + e_2$$
$$x_3 = e_3$$

という構造方程式で，誤差変数 e_1 が確率 1/2 のベルヌーイ分布に従い，e_2 が平均が0で分散が1のガウス分布に従い，e_3 が -1 から 1 の範囲の一様分布に従う場合もそうです．この場合，$\mathrm{pa}(x_1) = \{\}$, $\mathrm{pa}(x_2) = \{x_1, x_3\}$, $\mathrm{pa}(x_3) = \{\}$ です．このモデルの因果グラフは，図3.8の右の有向非巡回グラフです．

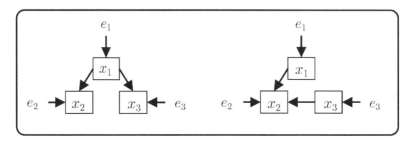

図 3.8 有向非巡回グラフの例.

このように，構造方程式モデルは，さまざまなモデルをまとめて表しています．式 (3.2)（前ページ）において，関数 f_i $(i=1,\ldots,p)$ がどんな関数であるか，そして誤差変数 e_i $(i=1,\ldots,p)$ がどんな分布に従うかにより，どんな構造方程式モデルが具体化されるかが決まります．いいかえると，式 (3.2) の構造方程式モデルは，無数のモデルを含んでいます．それらの中から，データを生成したモデルを推定し，その因果グラフを推測することが，統計的因果探索の目的です．

3.5.2　未観測共通原因がなく線形の場合の基本的な問題設定

式 (3.2) の構造方程式モデルのように，未観測共通原因がなく因果関係が非巡回な場合で，ノンパラメトリックアプローチ，パラメトリックアプローチ，セミパラメトリックアプローチを比較します．3 つのアプローチは，それぞれ仮定が異なります．そのため，ここでは，できるだけ共通の設定で比較して，3 つのアプローチの違いを明確にします．3 つのアプローチに共通する設定として，誤差変数が連続変数で，関数が線形関数である場合を用いて説明します．

式 (3.2) の構造方程式モデルは，未観測共通原因がなく因果関係が非巡回である場合を表しています．次は，さらに，誤差変数 e_i $(i=1,\ldots,p)$ が連続変数であり，関数 f_i $(i=1,\ldots,p)$ が線形関数であると仮定します．すると，観測変数 x_i $(i=1,\ldots,p)$ のデータ生成過程を表す構造方程式は次のように書けます．

$$x_i = \sum_{x_j \in \mathrm{pa}(x_i)} b_{ij} x_j + e_i \quad (i = 1, \ldots, p) \tag{3.3}$$

右辺の x_j の係数 b_{ij} $(i, j = 1, \ldots, p)$ は定数です．各観測変数 x_i の値は，それぞれの親になりうる観測変数 $x_j \in \mathrm{pa}(x_i)$ の値と誤差変数 e_i の値の線形和によって決まります．連続変数の線形和は連続変数なので，観測変数 x_i $(i = 1, \ldots, p)$ も連続変数です．

A) 平均直接効果

なお，係数 b_{ij} の大小は，観測変数 x_j から観測変数 x_i への「直接的」な因果効果の大きさの大小を表しています．「直接的」というのは，「ほかの観測変数の値を何らかの値に定めても，依然として因果効果が残る」という意味です．その意味を，次の構造方程式モデルを例にして，もう少し説明しましょう．

$$\begin{aligned} x_1 &= e_1 \\ x_2 &= b_{21} x_1 + e_2 \\ x_3 &= b_{31} x_1 + b_{32} x_2 + e_3 \end{aligned}$$

誤差変数 e_1, e_2, e_3 は独立です．このモデルの因果グラフを，**図 3.9** の上段に示します．

まず，第 2 章で説明した平均因果効果を計算してみましょう．x_1 から x_3 への平均因果効果は，介入して x_1 の値を定数 c に定めた場合の x_3 の平均 $E(x_3|\mathrm{do}(x_1 = c))$ と d に定めた場合の平均 $E(x_3|\mathrm{do}(x_1 = d))$ の差です．上記の構造方程式モデルにおいて，$\mathrm{do}(x_1 = c)$ という介入を行った場合の構造方程式モデルは，次のようになります．

$$\begin{aligned} x_1 &= c \\ x_2 &= b_{21} x_1 + e_2 \\ x_3 &= b_{31} x_1 + b_{32} x_2 + e_3 \end{aligned}$$

このモデルの因果グラフを，図 3.9 の中段に示します．この $\mathrm{do}(x_1 = c)$ という介入後のモデルにおける x_3 を，誤差変数 e_2, e_3 を使って書き直すと，

3.5 3つのアプローチと識別可能性　67

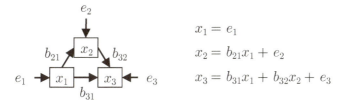

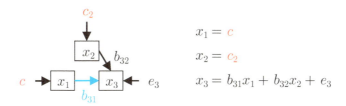

図 3.9 係数 b_{ij} の大小は直接的な平均因果効果の大きさの大小を表します.

$$\begin{aligned}
x_3 &= b_{31}x_1 + b_{32}x_2 + e_3 \\
&= b_{31}x_1 + b_{32}(b_{21}x_1 + e_2) + e_3 \\
&= (b_{31} + b_{32}b_{21})x_1 + b_{32}e_2 + e_3 \\
&= (b_{31} + b_{32}b_{21})c + b_{32}e_2 + e_3
\end{aligned} \tag{3.4}$$

となります．この構造方程式に基づいて x_3 の平均を計算すれば，x_1 に介入

したときの x_3 の平均 $E(x_3|\mathrm{do}(x_1 = c))$ が求まります．誤差変数を使って書き直す理由は，誤差変数が外生変数だからです．外生変数の分布と構造方程式の右辺の関数から観測変数の分布が決まり，そして平均などの特性も決まります．

この式 (3.4)（前ページ）を用いて，x_1 から x_3 への平均因果効果は次のように計算できます．

$$E(x_3|\mathrm{do}(x_1 = d)) - E(x_3|\mathrm{do}(x_1 = c))$$
$$= (b_{31} + b_{32}b_{21})d + b_{32}E(e_2) + E(e_3)$$
$$\quad -\{(b_{31} + b_{32}b_{21})c + b_{32}E(e_2) + E(e_3)\}$$
$$= (b_{31} + b_{32}b_{21})(d - c)$$

これは，「介入により x_1 の値を c から d へ変化させると，x_3 の値が平均的に $(b_{31} + b_{32}b_{21})(d - c)$ だけ変化する」ことを示しています．

さて，平均因果効果の意味を因果グラフを用いて直感的に説明しましょう．図 3.9（前ページ）の中段の因果グラフを見てください．介入して x_1 の値を変化させると，x_1 から x_3 への有向辺をつたって x_3 の値が変化します．それと同時に，x_1 から x_2 への有向辺をつたって x_2 が変化し，さらに，その変化が x_2 から x_3 への有向辺をつたって，x_3 の値を変化させます．つまり，x_2 を経由して x_1 から x_3 へ因果効果が伝わります．このように複数の経路を通して伝わる因果効果の大きさをまとめて定量化するのが，平均因果効果です．そして，ほかの変数を経由しない因果効果を直接効果，経由する因果効果を間接効果，2 つを合わせた因果効果を総合効果といいます[6,71]．そのため，平均因果効果のことを**平均総合効果 (average total effect)** とよぶことがあります．

では，ほかの変数を経由しない「直接的な」因果効果の大きさを定量化する平均直接効果を求めてみましょう．x_1 から x_3 への**平均直接効果 (average direct effect)** を計算するためには，まず x_1 と x_3 以外の観測変数である x_2 に介入して，その値を何らかの定数 c_2 に定めます．関数形が線形の場合は，定数 c_2 の値は何を選んでもかまいません．後の計算で，c_2 は消えてしまいます[*1]．x_2 の値を介入により定めるので，その値は，ほかの変数の値に

---

*1 非線形の場合は，c_2 が消えないことがあります．そのため，一般化するためには少し工夫をします[71]．

よらず常に c_2 です．そのため，x_2 を経由して因果効果が伝わることがありません．そして，x_2 の値を c_2 に定めたまま，x_1 の値を定数 c に定めた場合の x_3 の期待値 $E(x_3|\mathrm{do}(x_1=c), \mathrm{do}(x_2=c_2))$ と d に定めた場合の期待値 $E(x_3|\mathrm{do}(x_1=d), \mathrm{do}(x_2=c_2))$ の差を計算します．それが x_1 から x_3 への平均直接効果 [71] です．

次は，モデルを用いて具体的に計算します．図 3.9 の上段にある構造方程式モデルにおいて，x_1 と x_2 に介入すると，構造方程式モデルは次のように変わります．

$$x_1 = c$$
$$x_2 = c_2$$
$$x_3 = b_{31}x_1 + b_{32}x_2 + e_3$$

因果グラフは，図 3.9 の下段にあります．図 3.9 の上段や中段の因果グラフと違い，この因果グラフには x_1 から x_2 への有向辺がありません．そのため，x_1 の値を変化させても，x_2 は変化しません．

この介入後のモデルの x_3 は，

$$\begin{aligned}x_3 &= b_{31}x_1 + b_{32}x_2 + e_3 \\ &= b_{31}c + b_{32}c_2 + e_3\end{aligned}$$

と書けます．この式を用いて，x_1 から x_3 への平均直接効果は次のように計算できます．

$$\begin{aligned}&E(x_3|\mathrm{do}(x_1=d), \mathrm{do}(x_2=c_2)) - E(x_3|\mathrm{do}(x_1=c), \mathrm{do}(x_2=c_2)) \\ &= b_{31}d + b_{32}c_2 + E(e_3) - \{b_{31}c + b_{32}c_2 + E(e_3)\} \\ &= b_{31}(d-c)\end{aligned}$$

これは，「x_2 の値を介入により c_2 に定めたままにしたとき，x_1 の値を介入により c から d へ変化させると，x_3 の値が平均的に $b_{31}(d-c)$ だけ変化する」ことを示しています．たとえば，b_{31} の絶対値が大きければ，x_2 の値を同じ値に定めたままでも，x_1 の値を変化させれば，x_3 の値は大きく変化します．また，b_{31} が 0 であれば，x_2 の値が変化するのを許さない限りは，x_1 の値を変化させても，x_3 の値は変化しません．

なお，b_{31} が 0 であれば，図 3.9 の上段の因果グラフにある x_1 から x_3 への有向辺を削除します．直接的な因果効果がないからです．また，x_2 以外に観測変数がある場合も，同様の手順で平均直接効果を計算できます．x_2 を含めたそれら観測変数すべてに介入して，その値を何らかの定数に定めれば，あとの手順は同じです．

B) 行列による表現

さて，式 (3.3)（66 ページ）の線形構造方程式モデルに話を戻しましょう．式 (3.3) を再び示します．

$$x_i = \sum_{x_j \in \mathrm{pa}(x_i)} b_{ij} x_j + e_i \quad (i = 1, \ldots, p) \tag{3.3 再掲}$$

右辺の誤差変数 e_i $(i = 1, \ldots, p)$ は独立です．そのため，未観測共通原因にあたる共通原因はすべて観測されていて，観測変数 x_i $(i = 1, \ldots, p)$ に含まれています．また，このモデルの因果グラフには閉路はありません．そのため，これらの観測変数の定性的な因果関係は有向非巡回グラフで表すことができます．

このモデルには，構造方程式が全部で p 本あります．これらの構造方程式を，行列を使ってまとめて書くと，次のように書けます．

$$\boldsymbol{x} = \mathbf{B}\boldsymbol{x} + \boldsymbol{e} \tag{3.5}$$

ベクトル $\boldsymbol{x}$ と $\boldsymbol{e}$ はそれぞれ p 次元の列ベクトルで，観測変数 x_i と外生変数 e_i を第 i 成分にもちます $(i = 1, \ldots, p)$．行列 $\mathbf{B}$ は，$p \times p$ の正方行列で，係数 b_{ij} を第 (i,j) 成分にもちます $(i, j = 1, \ldots, p)$．行列 $\mathbf{B}$ のどの成分が 0 で，どの成分が 0 でないかが，どの変数からどの変数へ有向辺がないか，どの変数からどの変数へ有向辺があるか，をそれぞれ表しています．つまり，もし $b_{ij} = 0$ なら，x_j から x_i への有向辺はなく，もし $b_{ij} \neq 0$ なら，x_j から x_i への有向辺があります．ただし，対角成分である b_{ii} $(i = 1, \ldots, p)$ は必ず 0 です．x_i から x_i への有向辺はありません．というのは，ある変数から出発して，その変数自身に戻るという閉路は，有向非巡回グラフにはないからです．いいかえると，行列 $\mathbf{B}$ のゼロ・非ゼロパターンが，1 つの有向非巡回グラフに対応します．

3 変数の場合の例を，図 3.10 の上段に示します．図の上段左にある 3 本

3.5 3つのアプローチと識別可能性　71

- 3変数の場合の例

  構造方程式

  $x_1 = 3x_3 + e_1$
  $x_2 = -5x_1 + e_2$
  $x_3 = e_3$

  行列表現

  $$\underbrace{\begin{bmatrix} x_1 \\ x_2 \\ x_3 \end{bmatrix}}_{\boldsymbol{x}} = \underbrace{\begin{bmatrix} 0 & 0 & 3 \\ -5 & 0 & 0 \\ 0 & 0 & 0 \end{bmatrix}}_{\mathbf{B}} \underbrace{\begin{bmatrix} x_1 \\ x_2 \\ x_3 \end{bmatrix}}_{\boldsymbol{x}} + \underbrace{\begin{bmatrix} e_1 \\ e_2 \\ e_3 \end{bmatrix}}_{\boldsymbol{e}}$$

- 係数行列 $\mathbf{B}$ のゼロ・非ゼロパターンが
  1つの非巡回有向グラフに対応

  $b_{ij} = 0 \Longrightarrow x_j$ から x_i に有向辺がない

  $b_{ij} \neq 0 \Longrightarrow x_j$ から x_i に有向辺がある

図 3.10 式 (3.3) のモデルの行列による表現の例.

の構造方程式を，上段右で行列を使ってまとめて表しています．上段右を見てください．左辺の $\boldsymbol{x}$ の第1成分の x_1 は，右辺の $\mathbf{B}$ の第1行と右辺の $\boldsymbol{x}$ を掛けて，$\boldsymbol{e}$ の第1成分である e_1 を足したものと定義されています．これは，上段左の構造方程式の1つめの式と同じです．ほかの構造方程式についても同様です．

ここでの統計的因果探索の目的は，$p \times n$ のデータ行列 $\mathbf{X}$ が式 (3.5) の構造方程式モデルから生成されたという仮定の下，データ行列 $\mathbf{X}$ を用いて，未知の係数行列 $\mathbf{B}$ を推定することです．行列 $\mathbf{B}$ を推定できれば，そのゼロ・非ゼロパターンから因果グラフを推測することができます．つまり，因果グラフを描くことができます．

そして，因果グラフを描くことができれば，どの観測変数がどの観測変数

の親になるかがわかります．一般に，観測変数 x_j が x_i の祖先ではないとき，観測変数 x_i の親の集合 $\mathrm{pa}(x_i)$ がわかれば，x_i に介入した場合の期待値を通常の条件つき期待値によって，次のように求めることができます[70]．

$$E(x_j|\mathrm{do}(x_i = c)) = E_{\mathrm{pa}(x_i)}[E(x_j|x_i = c, \mathrm{pa}(x_i))] \tag{3.6}$$

つまり，介入して x_i の値を c に定めた場合の x_j の平均 $E(x_j|\mathrm{do}(x_i = c))$ は，x_i とその親すべてで条件づけたときの期待値 $E(x_j|x_i = c, \mathrm{pa}(x_i))$ を，さらに x_i の親にあたる観測変数 $\mathrm{pa}(x_i)$ で平均をとることで求めることができます．親にあたる変数すべてで条件づけることで，つまり，親変数の値をそろえることで，x_i と x_j の間に未観測共通原因がなくなるからです．

チョコレートとノーベル賞の例で考えてみましょう．図 3.4（59 ページ）下段にある 3 つの因果グラフを見てください．もし，左の因果グラフが正しいとすれば，x_j がノーベル賞受賞者の数，x_i がチョコレートの消費量，そして $\mathrm{pa}(x_i)$ が GDP にあたります．

なお，x_i と x_j の共通原因となる親変数ではなくても，x_i の親であれば条件づけに使うことに注意してください．図 3.11 の左の因果グラフで説明します．x_i の親は，x_k です．そのため，x_k は，x_i の原因です．一方，x_k は x_j の親ではありません．しかし，x_k は x_j の祖先なので，x_h を経由して，x_j の原因になります．そのため，x_k は，x_i と x_j の共通原因になります．したがって，x_k で条件づけないと，x_k が未観測共通原因として残ってしまいま

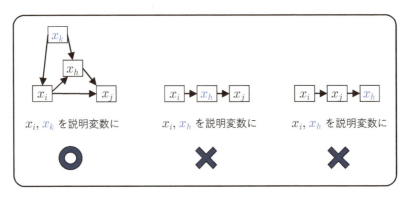

図 3.11　因果グラフの構造から，説明変数に追加すべき変数を選びます．誤差変数は省略．

3.5 3つのアプローチと識別可能性

す．それを防ぐために，x_i の親である x_k を条件づけに使います．

今は線形の場合を考えているため，式 (3.6) を用いると，x_i から x_j への平均因果効果は，次のように計算できます．

$$E(x_j|\mathrm{do}(x_i = d)) - E(x_j|\mathrm{do}(x_i = c))$$
$$= E_{\mathrm{pa}(x_i)}[E(x_j|x_i = d, \mathrm{pa}(x_i))] - E_{\mathrm{pa}(x_i)}[E(x_j|x_i = c, \mathrm{pa}(x_i))] \tag{3.7}$$
$$= \alpha_{ji}(d - c) \tag{3.8}$$

最後の式 (3.8) の α_{ji} は，目的変数に x_j を，説明変数に x_i とその親変数 $\mathrm{pa}(x_i)$ をとり，線形回帰分析をしたときの x_i の偏回帰係数です．非線形の場合は，非線形回帰で，式 (3.7) の条件つき期待値を推定します．重要なのは，適切な変数を説明変数に加えることです．因果グラフを推測することで，どの観測変数を説明変数に追加すべきかがわかります．なお，親変数すべての代わりに，たとえば祖先にあたる変数すべてで条件づけてもかまいません[70]．

最後に，説明変数に加えてはいけない変数の例を示しましょう．図 3.11 を見てください．中央の因果グラフの x_h は，x_i の子であり x_j の親です．x_h は，**中間変数 (intermediate variable)** とよばれます．x_i から出発し，有向辺の向きに沿ってグラフをたどり x_j に着くまでの途中にあるからです．このような，x_i の子孫かつ x_j の祖先であるような変数を説明変数に加えてはいけません．その変数を経由する因果効果が除かれてしまうからです．また，右の因果グラフの x_h は，x_j の子です．そのため，x_j は x_h の原因であって，結果ではありません．このような，x_j の子孫であるような変数を説明変数に加えてもいけません．因果の向きに反しているからです．このように，中間変数や因果の向きに反する変数の値で条件づけてはいけません（そろえてはいけません）．

このように因果グラフを既知としたとき，どの変数を説明変数に加えるべきか，そしてどの変数を加えてはいけないかを明らかにすること[3,70,91] が，統計的因果推論の主要な話題です．この話題に関する和書[30,63] や訳書[71] も出版されています．しかし，実際にデータ解析をするときは，因果グラフが既知でないことはよくあります．そのようなとき，分析者が因果グラフを推測する手助けをするのが統計的因果探索です．

次の項からは，式 (3.5)（70 ページ）の設定で，統計的因果探索のためのノンパラメトリックアプローチ，パラメトリックアプローチ，セミパラメトリックアプローチを比較していきます．

3.5.3 ノンパラメトリックアプローチと識別可能性

まずは，ノンパラメトリックアプローチの特徴をまとめます．因果グラフを推測するための標準的な原理に，**因果的マルコフ条件 (causal Markov condition)** とよばれる観測変数間の条件つき独立性に基づく推測原理があります．因果的マルコフ条件とは，「変数それぞれが，その親にあたる変数で条件づけると，その非子孫の変数と独立になる」ことです．式で書くと，

$$p(\boldsymbol{x}) = \prod_{i=1}^{p} p(x_i | \mathrm{pa}(x_i)) \tag{3.9}$$

が成り立つことです．なお，$\mathrm{pa}(x_i)$ は x_i の親にあたる観測変数の集合です．また，記号 $\prod$ は，数列の積を表します．たとえば

$$\prod_{i=1}^{p} a_i = a_1 \times a_2 \times \ldots \times a_p$$

です．

この条件は，未観測共通原因がなく非巡回の構造方程式モデルであれば，つまり，因果グラフが有向非巡回グラフならば，式 (3.5) のような線形の場合だけでなく，非線形の場合や離散変数の場合も含めて一般的に成り立ちます[72]．そのため，関数形や誤差変数の分布に仮定をおかないノンパラメトリックアプローチでは，因果的マルコフ条件を用いて因果グラフを推測します．

では，まず，因果的マルコフ条件の意味を例を挙げて説明します．図 3.12 を見てください．観測変数が 3 つの場合です．中央の因果グラフでは，x_2 の親にあたる観測変数は x_1 です．x_3 は，x_1 の子孫ではありません．そのため，因果的マルコフ条件によれば，x_2 は，その親である x_1 で条件づけると，その非子孫である x_3 と独立です．つまり，

$$p(x_2 | x_3, x_1) = p(x_2 | x_1) \tag{3.10}$$

3.5 3つのアプローチと識別可能性　75

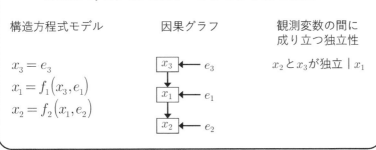

図 3.12　因果的マルコフ条件.

が成り立ちます．

　一方，x_3 の親にあたる観測変数はありません．非子孫もいません．また，x_1 の親にあたる観測変数は x_3 ですが，非子孫にあたる観測変数はありません．そのため，因果的マルコフ条件から導かれる観測変数の条件つき独立性はほかにありません．

　これらの独立性に関する情報は，次のように式でまとめて表せます．まず，観測変数 x_1, x_2, x_3 の同時分布 $p(x_1, x_2, x_3)$ は，因果グラフの構造とは関係なく，確率分布の一般的な性質から，

$$p(x_1, x_2, x_3) = p(x_1, x_2|x_3)p(x_3)$$
$$= p(x_2|x_1, x_3)p(x_1|x_3)p(x_3)$$

と書けます．この式に，式 (3.10) の因果的マルコフ条件により導かれた条件つき独立性 $p(x_2|x_3, x_1) = p(x_2|x_1)$ を用いると，

$$p(x_1, x_2, x_3) = p(x_2|x_1)p(x_1|x_3)p(x_3)$$

と，少し簡潔になります．図 3.12 中央の因果グラフでは，x_2 の親は x_1 で，x_1 の親は x_3 であり，x_3 に親はいないので，式 (3.9) の通りの表現になっています．なお，x_3 のように親がいない場合は，$\mathrm{pa}(x_3) = \{\}$ という空集合で

条件づけていると考えます．空集合で条件づけると考えれば，独立性も条件つき独立性の特殊形と捉えることができます．

このような観測変数間の条件つき独立性が，因果グラフを推測する手がかりになります．ただ，因果グラフを推測するためには，因果的マルコフ条件だけでは不十分で，忠実性 [97] とよばれる追加の仮定が必要です．

忠実性 (faithfulness) とは，「変数 x_i ($i=1,\ldots,p$) に成り立つ条件つき独立性は，因果グラフの構造から導かれるものだけである，つまり因果的マルコフ条件から導かれるものだけである」という仮定です．関数形に線形性を仮定する場合，因果グラフの構造とは，係数 b_{ij} ($i,j=1,\ldots,p$) のゼロ・非ゼロパターンです．この場合，忠実性とは，「変数間の条件つき独立性が，因果グラフの構造に反して，係数 b_{ij} ($i,j=1,\ldots,p$) の特定の値の組み合わせによって決まったりはしない」という仮定になります．

忠実性の仮定のおかげで，因果グラフの構造に反して変数間の条件つき独立性が決まってしまうような特殊な場合を排除できます．では，具体的にどんな場合に忠実性の仮定は崩れるのでしょうか．例として，次の構造方程式モデルを考えます．

$$x = e_x$$
$$y = -x + e_y$$
$$z = x + y + e_z$$

誤差変数 e_x, e_y, e_z はガウス分布に従い，独立であると仮定します．$b_{yx} = -1, b_{zx} = 1, b_{zy} = 1$ という係数の値の組み合わせです．このモデルの因果グラフを，**図 3.13** の下段中央に示します．

因果的マルコフ条件を，この因果グラフに当てはめると，3 つの観測変数 x, y, z に成り立つ条件つき独立性は 1 つもありません．しかし，この構造方程式モデルの係数の値の組み合わせの場合，実は x と z が無相関になることを示します．まず，x, y, z を誤差変数 e_x, e_y, e_z を用いて表すと，次のように書けます．

3.5 3つのアプローチと識別可能性　77

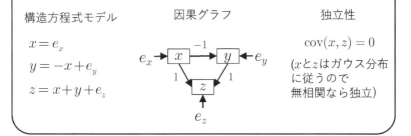

図 3.13　忠実性が崩れている例.

$$
\begin{aligned}
x &= e_x \\
y &= -e_x + e_y \\
z &= e_x - e_x + e_y + e_z \\
&= e_y + e_z
\end{aligned}
$$

また，誤差変数 e_x, e_y, e_z は独立ですから，

$$
\begin{aligned}
E(e_x e_y) &= E(e_x)E(e_y) \\
E(e_x e_z) &= E(e_x)E(e_z)
\end{aligned}
$$

が成り立ちます．これらを用いると，x と z の共分散 $\mathrm{cov}(x, z)$ は，

$$
\begin{aligned}
\text{cov}(x, z) &= E(xz) - E(x)E(z) \\
&= E(e_x(e_y + e_z)) - E(e_x)E(e_y + e_z) \\
&= E(e_x e_y) + E(e_x e_z) - E(e_x)E(e_y) - E(e_x)E(e_z) \\
&= E(e_x)E(e_y) + E(e_x)E(e_z) - E(e_x)E(e_y) - E(e_x)E(e_z) \\
&= 0
\end{aligned}
$$

となり，x と z は無相関であることがわかります．これは x と z が独立であることを意味します．というのは，ガウス分布は特殊な分布であり，無相関と独立が同値だからです．こうして，因果的マルコフ条件によれば独立ではないはずの x と z が独立になってしまいます．忠実性は，このような食い違いを避けるための仮定です．

忠実性の仮定は批判されることもありますが，実際には，さほど問題ではないという意見もあります．上記の例のように，共分散がきっちり 0 になるような係数 b_{ij} $(i,j = 1,\ldots,p)$ の値の組み合わせになることは極めて稀であると考えられるからです [24]．

では，因果グラフを推測するために，因果的マルコフ条件をどのように利用するのかを具体例を用いて説明していきます．式 (3.5)（70 ページ）の構造方程式モデルのうち，**図 3.14 左上**の「正」と書いてある因果グラフをもつ構造方程式モデルから観測変数 $\boldsymbol{x}$ の分布 $p(\boldsymbol{x})$ が決まるとします．もちろん，分析者は，正しい因果グラフを知りません．

因果的マルコフ条件によると，図 3.14 左上の正しい因果グラフでは，x_2 と x_3 が，x_1 で条件づけると独立です．忠実性を仮定するので，これ以外の条件つき独立性は成り立ちません．したがって，因果的マルコフ条件のみを利用するノンパラメトリックアプローチにおいて，観測変数の分布 $p(\boldsymbol{x})$ から得られる手がかりは，この x_2 と x_3 の間の条件つき独立性だけです．

3 変数の有向非巡回な因果グラフの中で，x_1 で条件づけると x_2 と x_3 が独立であり，それ以外の条件つき独立性は成り立たないような因果グラフは，図の右下の 3 つです．このような，同じ条件つき独立性を与える因果グラフをもつモデルの集合を**マルコフ同値類 (Markov equivalence class)** とよびます．

図 3.14 右下の 3 つの因果グラフは，観測変数の条件つき独立性のモデル

3.5 3つのアプローチと識別可能性　79

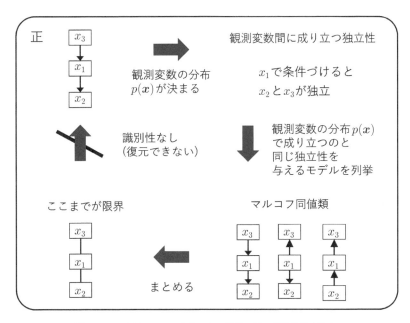

図 3.14 因果的マルコフ条件による推測の例．誤差変数は省略．

という観点からは，どれも正しいです．つまり，正しい因果グラフと同じ条件つき独立性が成り立ちます．しかし，これら因果グラフの構造は，まったく異なります．たとえば，3つの因果グラフに共通するような有向辺の向き，つまり因果の向きは，どの変数の間にもありません．因果関係のモデルという観点からは，正しい因果グラフと一致する左の因果グラフのみが正しいグラフです．

マルコフ同値類に含まれる因果グラフの候補は，図3.14の左下のように，1つのグラフに要約されます．要約の仕方を説明しましょう．2つの変数間の有向辺の向きがすべての因果グラフ候補で同じなら，要約するときも，その変数間に同じ向きの有向辺を描きます．2つの変数間の有向辺の向きが一部の因果グラフ候補で異なるなら，要約するときは，その変数間に無向辺を描きます．たとえば，図3.14の左下では，x_1とx_3は無向辺でつながっています．これは，「どの因果グラフ候補にも，x_1とx_3の間に有向辺はあるが，その向きはグラフによって異なる」ことを意味します．この例のマルコフ同

値類には，因果グラフ候補すべてに共通する有向辺の向きをもつ変数の組はないので，因果候補を要約したグラフには無向辺しかありません．

図 3.14（前ページ）の左下のように，因果グラフ候補を要約したグラフは，因果的マルコフ条件という推測原理に基づいて推測できる限界を表しています[71,97]．もし，因果グラフ候補を要約したグラフのすべての辺が有向辺なら，候補が 1 つしか残っていないということです．したがって，因果グラフを一意に推測できることを意味します．しかし，無向辺があるなら，複数の因果グラフが候補として残っていることを意味します．因果的マルコフ条件は，関数形や誤差変数の分布に仮定をおかなくても使える推測原理です．ただ，それだけでは，因果グラフを一意に推測できない，つまり，因果グラフが識別可能でないことがよくあります．いま紹介した図 3.14 左上の因果グラフが，その一例です．

ここまでは，ノンパラメトリックアプローチによる因果グラフの識別可能性について説明してきました．次は，ノンパラメトリックアプローチの枠組みで，実際にデータから因果グラフを推測するためのアプローチ[71,97]を紹介します．一般に，正しい因果グラフと同じ条件つき独立性が成り立つ因果グラフは複数あります．そのため，正しい因果グラフと同じ条件つき独立性が成り立つ因果グラフの集合であるマルコフ同値類を推測することが目的です．大きく分けて，2 つの推測アプローチがあります．

1 つは，**制約に基づくアプローチ (constraint-based approach)**[72,96]とよばれます．このアプローチでは，まず，観測変数にどのような条件つき独立性が成り立つかをデータから推測します．次に，推測された条件つき独立性を制約として，それを満たすような因果グラフを探索します．代表的な推定アルゴリズムに，**PC アルゴリズム (Peter and Clark, PC algorithm)**[96]があります．このアルゴリズムは，未観測共通原因がある場合の FCI アルゴリズム (fast causal inference, FCI)[98]や巡回性のある場合の CCD アルゴリズム (cyclic causal discovery, CCD)[80]などへ拡張されています．また，それらを統合する推測の枠組みとして，制約を満たす因果グラフを探索する問題を，**充足可能性問題 (satisfiability problem, SAT)**として表現し，汎用のソルバーを用いて解く方法[38]も提案されています．

制約に基づくアプローチの利点は，さまざまな拡張が比較的容易である点です．ただ，問題点もあります．条件つき独立性が成り立つかを推測する際，

仮説検定によって条件つき独立性を判定する点です．検定の本来の用途とは異なります．そのため，この種の方法によるマルコフ同値類の推定量に一致性をもたせるためには，かなり強い仮定を追加する必要があります [99]．

もう1つは，**スコアに基づくアプローチ (score-based approach)** [8, 106]とよばれます．このアプローチでは，同じ条件つき独立性を与える因果グラフの集合であるマルコフ同値類ごとに，モデルのよさを評価します．たとえば，**ベイズ情報量規準 (Bayesian information criterion, BIC)** [84] を用いて，モデルのよさを測るスコアをマルコフ同値類につけます．そして，最もスコアの高いマルコフ同値類によって，正しい因果グラフが含まれるマルコフ同値類を推測します．代表的なアルゴリズムに，**GES アルゴリズム (greedy equivalence search, GES algorithm)** [8] があります．ただし，BIC によるスコアを計算するために，誤差変数の分布の種類を分析者が指定する必要があります．

3.5.4　パラメトリックアプローチと識別可能性

さて，識別可能性の話題に戻りましょう．ノンパラメトリックアプローチの特徴である因果的マルコフ条件という推測原理は，関数形や誤差変数の分布に仮定をおかなくても使える原理です．しかし，その原理だけでは識別できない因果グラフが多数あります．同じ条件つき独立性を与える因果グラフが複数あるからです．

そこで，線形性と誤差変数へのガウス分布の仮定をおく**パラメトリックアプローチ**を考えます．仮定をおくということは，利用可能な情報が増えるということです．しかし，それらの仮定をおいたとしても，識別可能性は実は改善しません．依然として，同じ観測変数の分布を与えるような構造方程式モデルが複数あるからです．

たとえば，次の2つの構造方程式モデルを考えましょう．

$$\text{モデル 1}: \begin{cases} x_1 = e_1 \\ x_2 = 0.8 x_1 + e_2 \end{cases}$$

$$\text{モデル 2}: \begin{cases} x_1 = 0.8 x_2 + e_1 \\ x_2 = e_2 \end{cases}$$

どちらのモデルでも，誤差変数 e_1 と e_2 はガウス分布に従い，また独立であ

ると仮定します.モデル1と2の因果グラフを,**図3.15**に示します.2つのモデルで因果グラフは異なります.因果の向きが反対です.

説明を簡単にするために,誤差変数 e_1 と e_2 の平均と分散に,次のような仮定をおきましょう.誤差変数の平均 $E(e_1)$ と $E(e_2)$ は,どちらも 0 とします.また,誤差変数 e_1 と e_2 の分散 $\text{var}(e_1)$ と $\text{var}(e_2)$ は,モデル1では 1 と 0.6^2,モデル2では 0.6^2 と 1 とします.すると,観測変数 x_1 と x_2 の平均 $E(x_1)$ と $E(x_2)$ はどちらも 0 に,分散 $\text{var}(x_1)$ と $\text{var}(x_2)$ はどちらも 1 になります.このような誤差変数の平均と分散に関する仮定をおいても,以下の議論は一般性を失わないので,安心してください.

行列を用いると,モデル1とモデル2は次のように書けます.

$$\text{モデル1}: \underbrace{\begin{bmatrix} x_1 \\ x_2 \end{bmatrix}}_{\bm{x}} = \underbrace{\begin{bmatrix} 0 & 0 \\ 0.8 & 0 \end{bmatrix}}_{\mathbf{B}} \underbrace{\begin{bmatrix} x_1 \\ x_2 \end{bmatrix}}_{\bm{x}} + \underbrace{\begin{bmatrix} e_1 \\ e_2 \end{bmatrix}}_{\bm{e}}$$

$$\text{モデル2}: \underbrace{\begin{bmatrix} x_1 \\ x_2 \end{bmatrix}}_{\bm{x}} = \underbrace{\begin{bmatrix} 0 & 0.8 \\ 0 & 0 \end{bmatrix}}_{\mathbf{B}} \underbrace{\begin{bmatrix} x_1 \\ x_2 \end{bmatrix}}_{\bm{x}} + \underbrace{\begin{bmatrix} e_1 \\ e_2 \end{bmatrix}}_{\bm{e}}$$

係数行列 $\mathbf{B}$ が,2つのモデルで大きく異なります.モデル1では,$\mathbf{B}$ の第 (2,1) 成分が 0 でなく,モデル2では,$\mathbf{B}$ の第 (1,2) 成分が 0 ではありません.2つのモデルで係数行列 $\mathbf{B}$ のゼロ・非ゼロパターンが異なるので,因果グラフも異なります.

では,観測変数 $\bm{x}$ の分布 $p(\bm{x})$ から,因果グラフを推測することを考えましょう.まず,モデル1でもモデル2でも,共分散 $\text{cov}(x_1, x_2) = 0.8 \neq 0$ となり,x_1 と x_2 は従属です.因果グラフが異なるのに,観測変数に成り立つ条件つき独立性が同じです.そのため,因果的マルコフ条件を用いるノンパラメトリックアプローチでは,因果グラフを識別することはできません.

次に,関数形が線形であるという仮定と誤差変数がガウス分布に従うという仮定を利用してみましょう.ガウス分布には再生性とよばれる性質があるので,ガウス分布に従う変数の線形和は,やはりガウス分布に従います.そのため,モデル1でも2でも,誤差変数 e_1 と e_2 の線形和である観測変数 x_1 と x_2 はガウス分布に従います.そして,どちらのモデルでも,観測変数

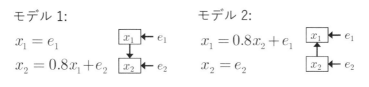

図 3.15 線形性とガウス分布の仮定を追加しても識別できません.

x_1 と x_2 の平均は 0 であり,分散は 1,そして共分散は 0.8 ですから,観測変数 x_1 と x_2 の分布は同じガウス分布になります.ガウス分布の場合,平均と分散・共分散が決まれば,分布の形が決まってしまうからです.モデル 1 と 2 とでは因果グラフが異なるのに,観測変数の分布が同じになってしまいます.そのため,線形性と誤差変数がガウス分布という仮定を利用するパラメトリックアプローチであっても,因果グラフは識別可能ではありません.

このように,ノンパラメトリックなアプローチだけでなく,パラメトリックなアプローチでも,因果グラフが識別できないことは非常によくあります.因果グラフを一意に推測できなければ,変数間の平均因果効果を一意に推定することも困難です.そのため,せめて,平均因果効果のとりうる値の範囲を推定しようという試み [58,59] があります.まず,推測されたマルコフ同

値類に含まれるモデルそれぞれにおいて，変数間の平均因果効果を計算します．そして，そのマルコフ同値類の中で，それぞれの平均因果効果がとりうる値の最小値を求めます．たとえば，知りたい平均因果効果のとりうる値の最小値が 0 よりも大きければ，たとえ正しい因果グラフが不明のままでも，その平均因果効果が正であることはわかるわけです．

3.5.5 セミパラメトリックアプローチと識別可能性

因果的マルコフ条件に基づくノンパラメトリックアプローチや，線形性とガウス性の仮定に基づくパラメトリックアプローチは，82 ページのモデル 1 やモデル 2 のような因果グラフを一意に推測することができません．2 つのモデルにおいて，観測変数に成り立つ条件つき独立性や観測変数の分布が同じになってしまうからです．

次に，関数形には仮定をおく一方，誤差変数の分布には仮定をおかない**セミパラメトリックアプローチ**を考えます．特に，関数形に線形性の仮定をおき，誤差変数に非ガウス分布の仮定をおく **LiNGAM アプローチ**を考えます．

パラメトリックアプローチでは，モデル 1 と 2 の誤差変数 e_1 と e_2 がガウス分布に従うと仮定しました．しかし実は，誤差変数 e_1 と e_2 は，何らかの非ガウス分布に従っていたとしましょう．つまり，ガウス分布ではうまく近似できなかったとします．もしそうであれば，非ガウス性を利用して，モデル 1 やモデル 2 の因果グラフを一意に推測することができます．

モデル 1 と 2 の構造方程式モデルと因果グラフを，図 3.16 の左側に示します．モデル 1 では，x_1 が原因で，x_2 が結果です．一方，モデル 2 では，x_2 が原因で，x_1 が結果です．因果の向きが反対です．それにもかかわらず，3.5.4 項で説明したように，誤差変数 e_1 と e_2 がガウス分布に従う場合は，観測変数 x_1 と x_2 の分布は 2 つのモデルで同じになります．

しかし，誤差変数 e_1 と e_2 が非ガウス分布に従う場合には，それがどんな非ガウス分布でも，観測変数 x_1 と x_2 の分布は，2 つのモデルで異なります[15,88]．したがって，誤差変数が非ガウス分布に従うなら，モデル 1 や 2 のような因果グラフは識別可能です．なお，2 変数の場合だけでなく，式 (3.5)（70 ページ）のような p 変数の場合でも，誤差変数が非ガウス分布に従うなら，因果グラフを一意に推測可能です[88]．つまり，因果グラフは識別可能です．

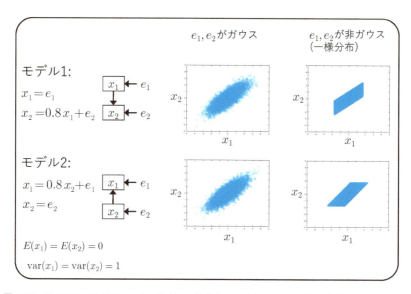

図 3.16 誤差変数が非ガウス分布の場合は，因果方向の異なるモデルの観測変数の分布は異なります．

2変数の場合について，人工的に生成したデータで確認してみましょう．モデル1と2の誤差変数 e_1 と e_2 がガウス分布に従うとして，観測変数 x_1 と x_2 の値を生成した場合の散布図を，図3.16の中央に示します．中央上の散布図が，モデル1の散布図で，中央下の散布図が，モデル2の散布図です．どちらの散布図も同じ形をしています．

一方，モデル1と2の誤差変数 e_1 と e_2 が非ガウス分布の1つである連続一様分布に従うとして，観測変数 x_1 と x_2 の値を生成した場合の散布図を図3.16の右側に示します．右上の散布図がモデル1の散布図で，右下の散布図がモデル2の散布図です．誤差変数がガウス分布に従う場合と異なり，2つのモデルで観測変数の散布図の形が異なります．なお，これは連続一様分布の場合に特有な性質というわけではありません．連続一様分布以外の非ガウス分布の場合でも，散布図の形は異なります．

このような観測変数の分布の違いを利用して，因果グラフを推測します．おおまかには，次のようにします．まず，モデル1と2それぞれの場合に観

測変数の分布がどんな形になるのかを理論的に求めます．次に，理論的に求めた観測変数の分布と実際の観測変数の分布を比較します．そして，実際の観測変数の分布に近い方のモデルを採用します．

3.6 本章のまとめ

統計的因果探索の基礎的事項を説明しました．因果探索とは，データを用いて因果グラフを推測することです．まず，分析者の事前知識や判断などを構造的因果モデルの仮定として表現します．そして，その仮定を満たす中で，データと矛盾しないモデルを推定することで，因果グラフを推測します．仮定のとり方には，大きく3つのアプローチがあります．ノンパラメトリックアプローチ，パラメトリックアプローチ，セミパラメトリックアプローチの3つです．この中で，セミパラメトリックアプローチは，ほかの2つが一意に推測できない因果グラフを識別できる場合があるという特徴があります．次の章からは，このセミパラメトリックアプローチについて詳しく説明していきます．

Chapter 4

LiNGAM

> 未観測共通原因がない場合のセミパラメトリックアプローチの代表的なモデルである LiNGAM モデルを説明します．LiNGAM モデルでは，観測変数の分布の非ガウス性を利用して，因果グラフを一意に推測可能です．

本章では，**LiNGAM** モデル (linear non-Gaussian acyclic model, **LiNGAM**)[88] とよばれる構造的因果モデルを解説します．そのために，まず独立成分分析とよばれる信号処理技術を紹介します．その後，独立成分分析の結果を用いて，LiNGAM モデルが識別可能であることを示します．最後に，LiNGAM モデルの推定法を説明します．

4.1 独立成分分析

独立成分分析 (independent component analysis, ICA)[42, 47, 67] は，信号処理分野で発展してきたデータ解析法です．独立成分分析では，未観測変数の値が混ざり合って，観測変数の値が生成されると考えます．たとえば，複数の話者の声が混ざり合って，複数のマイクによって観測されるという状況です．

説明のために，次のような独立成分分析のモデルの一例を挙げましょう．

$$x_1 = a_{11}s_1 + a_{12}s_2 \tag{4.1}$$

$$x_2 = a_{21}s_1 + a_{22}s_2 \tag{4.2}$$

右辺の s_1 と s_2 は未観測の連続変数です．そして，左辺の x_1 と x_2 は，観測変数です．そして，係数 $a_{11}, a_{12}, a_{21}, a_{22}$ は定数です．これらの係数が，「未観測変数 s_1 と s_2 が，どのように混ざって，観測変数 x_1 と x_2 になるか」を表しています．

この独立成分分析のモデルは，次のようなデータ生成過程を表しています．まず，未観測の独立な変数 s_1 と s_2 の値が生成されます．そして，それらの値の線形和として，観測変数 x_1 と x_2 の値が生成されます．このデータ生成過程を因果グラフを用いて図示すると，図 4.1 の右のようになります．このように，独立成分分析モデルは，データ生成過程を表す構造方程式モデルの一種と捉えることができます．

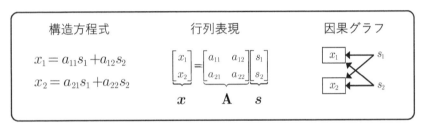

図 4.1 独立成分分析モデルは構造方程式モデルの一種です．

独立成分分析の目的は，式 (4.1) と式 (4.2)（前ページ）のモデルから生成されるデータ行列 $\mathbf{X}$ を用いて，係数 $a_{11}, a_{12}, a_{21}, a_{22}$ を推定し，そして未観測変数 s_1, s_2 の値を復元することです．たとえば，複数のマイクによって観測された音声から，話者それぞれの声を復元することにあたります．

独立成分分析の特徴は，未観測変数 s_1 と s_2 が独立であり，非ガウス連続分布に従うと仮定することにあります．独立であることが肝であるため，未観測変数 s_1 と s_2 は**独立成分 (independent component)** とよばれます．この独立性を利用して，未観測変数 s_1 と s_2 を復元します．

一般に，p 個の観測変数 x_i ($i = 1, \ldots p; p \geq 2$) の独立成分分析モデルは，次のように定義されます[10,47]．

4.1 独立成分分析

$$x_i = \sum_{j=1}^{q} a_{ij} s_j \qquad (i = 1, \ldots, p) \tag{4.3}$$

右辺の $s_j\ (j=1,\ldots,q)$ は未観測な連続変数であり，独立です．そして，非ガウス分布に従います．

式 (4.3) の独立成分分析モデルは，行列を用いて次のように書けます．

$$x = As \tag{4.4}$$

行列 $\mathbf{A}$ は，$p \times q$ の行列で，その成分は係数 $a_{ij}\ (i=1,\ldots,p, j=1,\ldots,q)$ です．行列 $\mathbf{A}$ は，独立成分がどのように混ざり観測変数になるのかを表します．そのため，**混合行列 (mixing matrix)** とよばれます．ベクトル x の第 i 成分は，観測変数 x_i であり，ベクトル s の第 j 成分は，独立成分 s_j です．

なお，混合行列 $\mathbf{A}$ のどの2つの列も，線形独立であると仮定します[10,18]．もし，ある2つの列が線形従属であれば，一方が他方の定数倍であるということです．その場合は，その2つの列を1つの列にまとめて，独立成分の数を1つ少なくしても，同じ観測変数ベクトル x を表現できてしまいます．線形独立の仮定は，このような冗長性がないことを意味します．

さて，モデルの説明はここまでにして，次は，式 (4.4) の混合行列 $\mathbf{A}$ の識別可能性について述べます．独立成分分析モデルの混合行列 $\mathbf{A}$ は，その列の順序と尺度を除いて識別可能であることが知られています[10,18]．つまり，混合行列 $\mathbf{A}$ を一意に推定することはできませんが，それと列の順序と尺度だけが異なる可能性のある行列なら推定できるということです．

混合行列 $\mathbf{A}$ と列の順序と尺度だけが異なる可能性がある行列を $\mathbf{A}_{\mathrm{ICA}}$ で表しましょう．すると，$p \times q$ の行列 $\mathbf{A}_{\mathrm{ICA}}$ と $p \times q$ の混合行列 $\mathbf{A}$ の関係は，次のように書けます．

$$\mathbf{A}_{\mathrm{ICA}} = \mathbf{ADP}$$

行列 $\mathbf{P}$ は，$q \times q$ の置換行列です．そして，$\mathbf{D}$ は $q \times q$ の対角行列で，対角成分は0ではありません．置換行列 $\mathbf{P}$ は，混合行列 $\mathbf{A}$ の列の順序を変えるかもしれませんし，対角行列 $\mathbf{D}$ は，混合行列 $\mathbf{A}$ の列の尺度を変えるかもしれません．

もちろん，置換行列 $\mathbf{P}$ と対角行列 $\mathbf{D}$ が単位行列である場合もあります．

その場合は，順序も尺度も変わらないため，行列 $\mathbf{A}_{\text{ICA}}$ と混合行列 $\mathbf{A}$ は等しくなります．ただ，置換行列 $\mathbf{P}$ も対角行列 $\mathbf{D}$ も未知であるため，順序や尺度がもとのものと違うのか同じなのかは，分析者にはわかりません．

混合行列 $\mathbf{A}$ の列の順序や尺度を一意に推定できない理由を説明します．それは，「混合行列 $\mathbf{A}$ の列の順序や尺度を変えたとしても，その変更に合わせて独立成分ベクトル s の成分の順序や尺度を変えれば，変えた後の混合行列や独立成分ベクトルも式 (4.4)（前ページ）の独立成分分析モデルの仮定を満たす」からです．もしも，変えたときの混合行列や独立成分ベクトルがモデルの仮定を満たさなければ，もとの行列やベクトルと違うことに分析者は気づくことができます．しかし，今の場合は，変えたとしても，モデルの仮定を満たしてしまうので，気づくことができません．

例を用いて説明しましょう．まず，図 4.2 のように，混合行列 $\mathbf{A}$ の 1 列目と 2 列目を置換してみましょう．すると，置換後の混合行列 $\mathbf{A}_{\text{置換後}}$ は，もとの混合行列 $\mathbf{A}$ とは異なります．しかし，独立成分のベクトル s の 1 行目と 2 行目を置換しておけば，引き続き同じ観測変数のベクトル x を表すことができます．つまり，$x = \mathbf{A}_{\text{置換後}} s_{\text{置換後}}$ という等号が成り立ちます．$s_{\text{置換後}}$ は，1 行目と 2 行目を置換した後の独立成分ベクトルです．そして，置換後の混合行列 $\mathbf{A}_{\text{置換後}}$ は，$\mathbf{A}$ の列を入れ替えただけなので，どの 2 つの列も線形独立のままです．置換後の独立成分ベクトル $s_{\text{置換後}}$ も，ベクトル s の成分を単に入れ替えただけなので，独立であり非ガウス分布に従います．したがって，置換後の混合行列 $\mathbf{A}_{\text{置換後}}$ も置換後の独立成分ベクトル $s_{\text{置換後}}$ も，式 (4.4) の独立成分分析モデルの仮定を満たします．

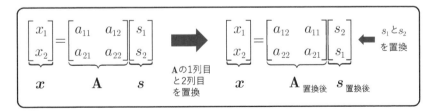

図 4.2 混合行列 $\mathbf{A}$ の列の順序は識別不可能です．

同様に，図4.3のように，混合行列 $\mathbf{A}$ の1列目を定数 c 倍して，尺度を変更してみましょう．c は0でないとします．すると，定数倍した後の混合行列 $\mathbf{A}_{\text{尺度変更後}}$ は，やはりもとの混合行列 $\mathbf{A}$ とは異なります．しかし，独立成分ベクトル s の1行目を $1/c$ 倍しておけば，尺度変更前と同じ観測変数ベクトル x を表せます．なお，独立成分ベクトル s の成分を定数倍することは，その独立成分の尺度である分散を変えることにあたります．

さて，尺度変更後の混合行列 $\mathbf{A}_{\text{尺度変更後}}$ は，どの2つの列も線形独立のままです．尺度変更後の独立成分ベクトル $s_{\text{尺度変更後}}$ の成分も，独立であり，非ガウス分布に従います．したがって，尺度変更後の混合行列も尺度変更後の独立成分ベクトルも独立成分分析モデルの仮定を満たしています．

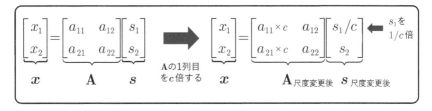

図 4.3　混合行列 $\mathbf{A}$ の列の尺度は識別不可能です．

この2つの具体例を一般化しましょう．一般に，次のような行列とベクトルの組であれば，式 (4.4) の独立成分分析モデルの仮定を満たします．

$$\mathbf{A}_{\text{ICA}} = \mathbf{ADP}$$
$$s_{\text{ICA}} = \mathbf{P}^\top \mathbf{D}^{-1} s$$

その理由は，独立成分分析モデルを次のように書き直したときに，

$$\begin{aligned} x &= \mathbf{A}s \\ &= \mathbf{ADP}\mathbf{P}^\top \mathbf{D}^{-1} s \\ &= (\mathbf{ADP})(\mathbf{P}^\top \mathbf{D}^{-1} s) \\ &= \mathbf{A}_{\text{ICA}} s_{\text{ICA}} \end{aligned}$$

行列 $\mathbf{A}_{\text{ICA}}$ とベクトル s_{ICA} が，もとの混合行列 $\mathbf{A}$ や独立成分ベクトル s と

同じ仮定を満たすことです．つまり，行列 $\mathbf{A}_\mathrm{ICA}$ のどの2つの列も線形独立であり，ベクトル $\boldsymbol{s}_\mathrm{ICA}$ の成分は独立であり非ガウス分布に従います．なお，置換行列 $\mathbf{P}$ は直交行列であるため，$\mathbf{P}\mathbf{P}^\top = \mathbf{I}$ が成り立ちます．

ところで，独立成分が非ガウス分布に従うという仮定が，独立成分分析の特徴です．では，もし式 (4.4)（89 ページ）の独立成分分析モデルにおいて，独立成分ベクトル $\boldsymbol{s}$ の独立成分 s_j $(j=1,\ldots,q)$ がガウス分布に従うとしたら，モデルの識別可能性はどのようになるのでしょうか．ガウス分布の場合には，混合行列 $\mathbf{A}$ は，その列の順序と尺度，そして直交変換を除いて識別可能であることが知られています [42]．いいかえると，次のような行列とベクトルの組であれば，もとの混合行列 $\mathbf{A}$ や独立成分ベクトル $\boldsymbol{s}$ と同じ仮定を満たします．

$$\mathbf{A}_{ガウス} = \mathbf{ADPQ}$$
$$\boldsymbol{s}_{ガウス} = \mathbf{Q}^{-1}\mathbf{P}^\top \mathbf{D}^{-1}\boldsymbol{s}$$
$$= \mathbf{Q}^\top \boldsymbol{s}_\mathrm{ICA}$$

行列 $\mathbf{Q}$ は，$q \times q$ の直交行列です．直交行列の逆行列 $\mathbf{Q}^{-1}$ は，その転置行列 $\mathbf{Q}^\top$ です．独立成分 s_j $(j=1,\ldots,q)$ がガウス分布に従う場合は，置換行列 $\mathbf{P}$ と対角行列 $\mathbf{D}$ に加えて，直交行列 $\mathbf{Q}$ も識別できません．単位行列以外の直交行列を掛けてしまうと，複数の独立成分が混ざってしまい，もとの独立成分を復元できません．直交行列 $\mathbf{Q}$ を識別できない理由は，ガウス分布では，変数が独立であることと無相関であることが同値になってしまい，識別に利用できる情報が少なくなってしまうことです．

変数が独立であることは，無相関であることよりも強い条件です．そのため，独立であれば無相関ですが，その逆は一般に成り立ちません．たとえば，2つの変数 y と z が独立であるとは，任意の有界な関数 f と g について，

$$\mathrm{cov}[f(y), g(z)] = 0$$

が成り立つことです．つまり，任意の有界な関数 f と g について，$f(y)$ と $g(z)$ の共分散が 0 であることです．一方，2つの変数 y と z が無相関であるとは，

$$\mathrm{cov}(y, z) = 0$$

が成り立つことです．つまり，y と z の共分散が 0 であることです．任意の f と g についてではなく，f と g が恒等関数である場合にだけ，$f(y)$ と $g(z)$ の共分散が 0 であればよいわけです．

したがって，無相関であることよりも独立であることの方が，満たすべき条件が圧倒的に多いです．非ガウス分布の場合には，このような条件の多さを利用して，直交行列 $\mathbf{Q}$ を識別することができます．一方，ガウス分布の場合には，共分散が 0 になるという条件しか利用できないので，直交行列 $\mathbf{Q}$ を識別できません．ただし，共分散が 0 になるという条件を使って，一般の正方行列から直交行列までは絞ることができます．いいかえると，ベクトル $s_{ガウス}$ の成分が無相関であるためには，行列 $\mathbf{Q}$ が直交行列である必要があります．このように，条件が多い分，非ガウス分布の方がガウス分布より情報を含んでいます．

では，最後に，実際にデータから混合行列 $\mathbf{A}$ を推定する方法を紹介します．通常，混合行列 $\mathbf{A}$ が正方行列であると仮定します．つまり，$p = q$ です．これは，観測変数の数と独立成分の数が同じであることを意味します．

そして，観測変数ベクトル $\boldsymbol{x}$ を $p \times p$ の行列 $\mathbf{W}$ で線形変換してつくったベクトル $\boldsymbol{y} = \mathbf{W}\boldsymbol{x}$ によって，独立成分ベクトル $\boldsymbol{s}$ を推定することを考えます．この行列 $\mathbf{W}$ を**復元行列** (demixing matrix) とよびます．もし復元行列 $\mathbf{W}$ が，混合行列 $\mathbf{A}$ の逆行列と等しくなれば，つまり，$\mathbf{W} = \mathbf{A}^{-1}$ となれば，

$$\boldsymbol{s} = \mathbf{W}\boldsymbol{x} \ (= \mathbf{A}^{-1}\mathbf{A}\boldsymbol{s} = \boldsymbol{s})$$

によって，独立成分ベクトル $\boldsymbol{s}$ を復元できます．

復元行列を推定するために，ベクトル $\boldsymbol{y}$ の成分 y_j $(j = 1, \ldots, p)$ の独立性が最大になるような $\mathbf{W}$ を探します．ベクトル $\boldsymbol{y}$ で推定しようとしている独立成分ベクトル $\boldsymbol{s}$ の成分 s_j $(j = 1, \ldots, p)$ が独立だからです．

標準的な独立性の指標に，**相互情報量** (mutual information) があります．相互情報量は非負の値をとります．そして，変数が独立のときに限り，相互情報量は 0 になります．そこで，ベクトル $\boldsymbol{y} = \mathbf{W}\boldsymbol{x}$ の成分の相互情報量を最小にする $\mathbf{W}$ を推定します．ベクトル $\boldsymbol{y}$ の相互情報量は次のように定義されます．

$$I(\boldsymbol{y}) = \left\{\sum_{j=1}^{q} H(y_j)\right\} - H(\boldsymbol{y}) \tag{4.5}$$

右辺の $H(\boldsymbol{y})$ は，$\boldsymbol{y}$ のエントロピーであり，

$$H(\boldsymbol{y}) = E[-\log p(\boldsymbol{y})] \tag{4.6}$$

と定義されます．式 (4.5) の相互情報量は，ベクトル $\boldsymbol{y}$ の成分がすべて独立になるときに限り 0 になります．

相互情報量は，データ行列 $\mathbf{X}$ を用いて，次のように推定します．

$$\begin{aligned}\hat{I}(\boldsymbol{y}) &= \left\{\sum_{j=1}^{q} \frac{1}{n}\sum_{m=1}^{n} -\log p(y_j^{(m)})\right\} - \frac{1}{n}\sum_{m=1}^{n} -\log p(\boldsymbol{y}^{(m)}) \\ &= \left\{\sum_{j=1}^{q} \frac{1}{n}\sum_{m=1}^{n} -\log p(\boldsymbol{w}_j^\top \boldsymbol{x}^{(m)})\right\} - \frac{1}{n}\sum_{m=1}^{n} -\log p(\mathbf{W}\boldsymbol{x}^{(m)})\end{aligned} \tag{4.7}$$

ベクトル $\boldsymbol{y}^{(m)}$ は，データ行列 $\mathbf{X}$ を $\mathbf{W}$ で線形変換した行列 $\mathbf{Y} = \mathbf{WX}$ の第 m 列で，変数ベクトル $\boldsymbol{y}$ の m 番目の観測です．そして，$y_j^{(m)}$ は，ベクトル $\boldsymbol{y}^{(m)}$ の第 j 成分で，変数 y_j の m 番目の観測です．また，行ベクトル $\boldsymbol{w}_j^\top$ は，行列 $\mathbf{W}$ の第 j 行です．なお，ベクトル $\boldsymbol{x}^{(m)}$ は，データ行列 $\mathbf{X}$ の第 m 列で，観測変数ベクトル $\boldsymbol{x}$ の m 番目の観測です．

式 (4.7) を最小化する $\mathbf{W}$ を推定する代表的なアルゴリズムに，不動点法 [40] があります．独立成分の非ガウス分布を事前に特定する必要がないことが特長です．

ただし，復元行列 $\mathbf{W}$ は，行の順序を決める置換行列 $\mathbf{P}$ と行の尺度を決める対角行列 $\mathbf{D}$ を除いて識別可能です．復元行列 $\mathbf{W}$ は，混合行列 $\mathbf{A}$ の逆行列なので，列に関する識別不可能性が行に関する識別不可能性に変わっています．したがって，式 (4.7) の相互情報量を最小にする復元行列 $\mathbf{W}$ を推定すると，次の行列 $\mathbf{W}_{\text{ICA}}$ の推定値が得られます．

$$\mathbf{W}_{\text{ICA}} = \mathbf{PDW} \, (= \mathbf{PDA}^{-1})$$

実際に，どのような列の順序が得られるかはランダムに決まります．

4.2 LiNGAM モデル

では，セミパラメトリックアプローチのうち，因果グラフが識別可能なモデルである **LiNGAM** モデルを説明します．

p 個の観測変数 $x_1, x_2, \ldots, x_p$ に対する LiNGAM モデル [88] は，次のように書けます．

$$x_i = \sum_{j \neq i} b_{ij} x_j + e_i \quad (i = 1, \ldots, p) \tag{4.8}$$

それぞれの観測変数 x_i は，その変数以外の観測変数 x_j $(j = 1, \ldots, p; j \neq i)$ とその誤差変数 e_i の線形和です．それぞれの係数 b_{ij} が 0 なら，x_j から x_i への直接的な因果効果はありません $(j = 1, \ldots, p; j \neq i)$. そして，誤差変数 e_i $(i = 1, \ldots, p)$ が独立で，非ガウス連続分布に従います．この独立性は，未観測共通原因がないことを意味します．さらに，因果グラフは，図 4.4 の

- **LiNGAM モデル**
  (linear non-Gaussian acyclic model)

構造方程式モデル　　　　　　行列表現

$$x_i = \sum_{j \neq i} b_{ij} x_j + e_i \qquad \boldsymbol{x} = \mathbf{B}\boldsymbol{x} + \boldsymbol{e}$$

- 線形
- 非巡回
- 誤差変数 e_i
  - 非ガウス連続分布
  - 独立（未観測共通原因なし）

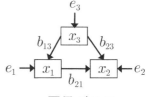

因果グラフ

図 4.4　LiNGAM モデル．

右下のような有向非巡回グラフです．

式 (4.8)（前ページ）は，行列を使うと次のように書けます．

$$x = \mathbf{B}x + e \tag{4.9}$$

観測変数ベクトル x と誤差変数ベクトル e はそれぞれ，観測変数 x_i と誤差変数 e_i $(i=1,\ldots,p)$ をまとめて表しています．そして，正方行列 $\mathbf{B}$ は，係数 b_{ij} $(i,j=1,\ldots,p)$ をまとめて表しています．

LiNGAM モデルは識別可能です[88]．つまり，式 (4.9) の係数行列 $\mathbf{B}$ を，観測変数の分布 $p(x)$ に基づいて，一意に推定可能です．そして，係数行列 $\mathbf{B}$ の成分のゼロ・非ゼロパターンから因果グラフを描くことができます．71 ページで説明したように，係数 b_{ij} が 0 なら，変数 x_j から x_i への有向辺を描きません．係数 b_{ij} が 0 でないなら，変数 x_j から x_i への有向辺を描きます．

ここで，因果グラフの非巡回性と係数行列 $\mathbf{B}$ の関係について説明します．そのために，まず，観測変数の**因果的順序** (**causal order**) を定義します．因果的順序とは，その順序に従って変数を並び替えると，順番が後の変数が順番が前の変数の原因になることがない順序です．そのような観測変数 $x_1, x_2, \ldots, x_p$ の順序を $k(1), k(2), \ldots, k(p)$ と表すことにします．記号 k の丸括弧の中の数字は，観測変数の番号を表しています．

例を挙げましょう．そのために，図 4.5 上段のモデルを考えます．このモデルの行列表現を以下に示します．図 4.5 の左下と同じです．

$$\underbrace{\begin{bmatrix} x_1 \\ x_2 \\ x_3 \end{bmatrix}}_{x} = \underbrace{\begin{bmatrix} 0 & 0 & 3 \\ -5 & 0 & 0 \\ 0 & 0 & 0 \end{bmatrix}}_{\mathbf{B}} \underbrace{\begin{bmatrix} x_1 \\ x_2 \\ x_3 \end{bmatrix}}_{x} + \underbrace{\begin{bmatrix} e_1 \\ e_2 \\ e_3 \end{bmatrix}}_{e} \tag{4.10}$$

図 4.5 右上の因果グラフを見ると，まず，変数 x_3 へは，ほかの 2 つの変数 x_1 と x_2 からの有向辺がありません．つまり，x_3 には親にあたる観測変数がありません．また，祖先にあたる観測変数もありません．x_3 への有向道をもつ観測変数がないからです．

なお，**有向道** (**directed path**) とは，向きが同じ有向辺が数珠つなぎになったものです．たとえば，図 4.5 右上の因果グラフでは，x_3 から x_2 へは有向辺がありませんが，x_3 から出て x_1 を経由し x_2 へ入る有向道はあります．

さて，図 4.5 右上の因果グラフの場合，x_3 へ有向辺や有向道をもつ観測変数がないため，x_3 の順番を 1 番目にして，残りの x_1 と x_2 の順番を 2 番目以降にすれば，順番が 2 番目以降の観測変数が順番が 1 番目の観測変数の原因になることはありません．次に，残りの変数 x_1 と x_2 の順序を決めましょう．変数 x_1 へは，変数 x_2 からの有向辺も有向道もありません．一方，x_2 へは，変数 x_1 からの有向辺があります．したがって，x_1 の順番を 2 番目にして，x_2 の順番を 3 番目にすれば，順番が後の変数が順番が前の変数の原因になることはありません．

- 構造方程式モデルと因果グラフ

$$x_1 = 3x_3 + e_1$$
$$x_2 = -5x_1 + e_2$$
$$x_3 = e_3$$

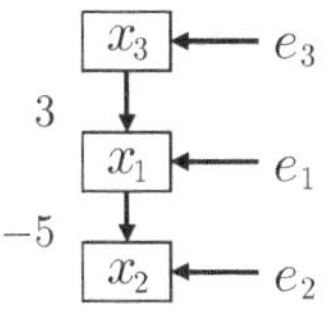

- 因果順序 $k(3)=1, k(1)=2, k(2)=3$ で並び替え

$$\begin{bmatrix} x_1 \\ x_2 \\ x_3 \end{bmatrix} = \begin{bmatrix} 0 & 0 & 3 \\ -5 & 0 & 0 \\ 0 & 0 & 0 \end{bmatrix} \begin{bmatrix} x_1 \\ x_2 \\ x_3 \end{bmatrix} + \begin{bmatrix} e_1 \\ e_2 \\ e_3 \end{bmatrix} \Rightarrow \begin{bmatrix} x_3 \\ x_1 \\ x_2 \end{bmatrix} = \begin{bmatrix} 0 & 0 & 0 \\ 3 & 0 & 0 \\ 0 & -5 & 0 \end{bmatrix} \begin{bmatrix} x_3 \\ x_1 \\ x_2 \end{bmatrix} + \begin{bmatrix} e_3 \\ e_1 \\ e_2 \end{bmatrix}$$

x 　　$\mathbf{B}$ 　　x 　 e 　　　$x_{後}$ 　　$\mathbf{B}_{後}$ 　　$x_{後}$ 　$e_{後}$

図 4.5　非巡回であれば，係数行列 $\mathbf{B}$ を厳密な下三角行列に並び替えられます．

まとめると，因果的順序として，x_3 を 1 番目に，x_1 を 2 番目に，x_2 を 3 番目にとれば，順番が後の変数から順番が前の変数へ有向辺や有向道があることはありません．つまり，順番が後の変数が順番が前の変数の原因になることはありません．記号を使うと，因果的順序は $k(3)=1, k(1)=2, k(2)=3$ と表せます．たとえば，$k(3)=1$ は，変数 x_3 の順番が 1 番目であることを

表しています．

この因果的順序に従って，つまり，x_3, x_1, x_2 という順番に，式 (4.10)（96 ページ）のモデルの観測変数を並び替えてみましょう．なお，右辺の観測変数 x_1, x_2, x_3 と誤差変数 e_1, e_2, e_3 も，同じ順序に従って並び替える必要があります．並び替えなければ，式 (4.10) の等号が成り立たなくなってしまうからです．両辺の観測変数と右辺の誤差変数を因果的順序に従って並び替えると，次のようになります．

$$\underbrace{\begin{bmatrix} x_3 \\ x_1 \\ x_2 \end{bmatrix}}_{\boldsymbol{x}_{後}} = \underbrace{\begin{bmatrix} 0 & 0 & 0 \\ 3 & 0 & 0 \\ 0 & -5 & 0 \end{bmatrix}}_{\mathbf{B}_{後}} \underbrace{\begin{bmatrix} x_3 \\ x_1 \\ x_2 \end{bmatrix}}_{\boldsymbol{x}_{後}} + \underbrace{\begin{bmatrix} e_3 \\ e_1 \\ e_2 \end{bmatrix}}_{\boldsymbol{e}_{後}}$$

この並び替え後の係数行列 $\mathbf{B}_{後}$ は，対角成分がすべて 0 である下三角行列，つまり，**厳密な下三角行列**になっています．この例では，厳密な下三角行列になるような因果的順序はほかにありません．

対照的に，**図 4.6** のモデルでは，係数行列 $\mathbf{B}$ を厳密な下三角行列にするような因果的順序が複数あります．それは，

i) x_3, x_1, x_2 という順序，つまり，$k(3) = 1, k(1) = 2, k(2) = 3$

と，

ii) x_1, x_3, x_2 という順序，つまり，$k(1) = 1, k(3) = 2, k(2) = 3$

の 2 つです．i) と ii) は，x_1 と x_3 の順番が入れ替わっています．なぜなら，観測変数 x_1 と x_3 の間に有向辺も有向道もなく，x_1 と x_2 は互いに原因にも結果にもならないからです．このように係数行列 $\mathbf{B}$ を厳密な下三角行列にするような因果的順序が複数ある場合は，どの順序を用いても以下の議論への影響はありません．そして，この 2 つの例に限らず，因果グラフが有向非巡回グラフであるとき，係数行列 $\mathbf{B}$ を厳密な下三角行列にするような因果的順序は必ずあります[6]．

第 3 章では，散布図を使って識別可能性を説明しました．本章では，式を使って説明します．そのために，式 (4.9)（96 ページ）の LiNGAM モデルを再度示します．

$$\boldsymbol{x} = \mathbf{B}\boldsymbol{x} + \boldsymbol{e} \tag{4.9 再掲}$$

- 構造方程式モデルと因果グラフ

$$x_1 = e_1$$
$$x_2 = -3x_1 + 5x_3 + e_2$$
$$x_3 = e_3$$

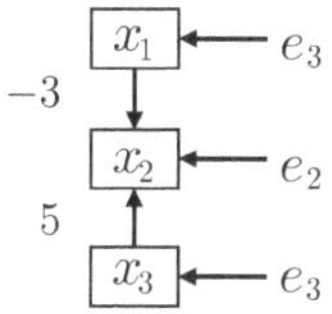

- 因果順序 $k(3)=1, k(1)=2, k(2)=3$ で並び替え

$$\begin{bmatrix} x_1 \\ x_2 \\ x_3 \end{bmatrix} = \underbrace{\begin{bmatrix} 0 & 0 & 0 \\ -3 & 0 & 5 \\ 0 & 0 & 0 \end{bmatrix}}_{\mathbf{B}} \begin{bmatrix} x_1 \\ x_2 \\ x_3 \end{bmatrix} + \begin{bmatrix} e_1 \\ e_2 \\ e_3 \end{bmatrix} \implies \begin{bmatrix} x_3 \\ x_1 \\ x_2 \end{bmatrix} = \underbrace{\begin{bmatrix} 0 & 0 & 0 \\ 0 & 0 & 0 \\ 5 & -3 & 0 \end{bmatrix}}_{\mathbf{B}_\text{後}} \begin{bmatrix} x_3 \\ x_1 \\ x_2 \end{bmatrix} + \begin{bmatrix} e_3 \\ e_1 \\ e_2 \end{bmatrix}$$

- 因果順序 $k(1)=1, k(3)=2, k(2)=3$ で並び替え

$$\begin{bmatrix} x_1 \\ x_2 \\ x_3 \end{bmatrix} = \underbrace{\begin{bmatrix} 0 & 0 & 0 \\ -3 & 0 & 5 \\ 0 & 0 & 0 \end{bmatrix}}_{\mathbf{B}} \begin{bmatrix} x_1 \\ x_2 \\ x_3 \end{bmatrix} + \begin{bmatrix} e_1 \\ e_2 \\ e_3 \end{bmatrix} \implies \begin{bmatrix} x_1 \\ x_3 \\ x_2 \end{bmatrix} = \underbrace{\begin{bmatrix} 0 & 0 & 0 \\ 0 & 0 & 0 \\ -3 & 5 & 0 \end{bmatrix}}_{\mathbf{B}_\text{後}} \begin{bmatrix} x_1 \\ x_3 \\ x_2 \end{bmatrix} + \begin{bmatrix} e_1 \\ e_3 \\ e_2 \end{bmatrix}$$

図 4.6 係数行列 $\mathbf{B}$ を厳密な下三角行列にするような変数の順序が 2 つあります.

p 次元ベクトル $\boldsymbol{x}$ は観測変数ベクトル,$p \times p$ の行列 $\mathbf{B}$ は係数行列,p 次元ベクトル $\boldsymbol{e}$ は誤差変数ベクトルです.そして,誤差変数ベクトル $\boldsymbol{e}$ の成分 e_i ($i=1,\ldots,p$) は独立で,それぞれ非ガウス連続分布に従います.

まず,この式を観測変数ベクトル $\boldsymbol{x}$ について解きます.つまり,右辺の観測変数ベクトル $\boldsymbol{x}$ に関する項を左辺に移項して,

$$(\mathbf{I}-\mathbf{B})x = e$$

行列 $\mathbf{I}-\mathbf{B}$ の逆行列を両辺に掛けます.

$$(\mathbf{I}-\mathbf{B})^{-1}(\mathbf{I}-\mathbf{B})x = (\mathbf{I}-\mathbf{B})^{-1}e$$

すると, p 次元の観測変数ベクトル x は

$$\begin{aligned}x &= (\mathbf{I}-\mathbf{B})^{-1}e \\ &= \mathbf{A}e\end{aligned} \quad (4.11)$$

と書けます. なお, 式 (4.11) では $p \times p$ 行列 $\mathbf{A}$ は, $\mathbf{A} = (\mathbf{I}-\mathbf{B})^{-1}$ とおきました. LiNGAM モデルの仮定より, p 次元の誤差変数ベクトル e の成分は独立で非ガウス分布に従うので, 式 (4.11) は, 4.1 節で説明した独立成分分析モデルと解釈できます. 行列 $\mathbf{A}$ は, 独立成分分析モデルの混合行列にあたります. 同様に, 行列 $\mathbf{A}$ の逆行列 $\mathbf{W}(=\mathbf{A}^{-1})$ は, 独立成分分析モデルの復元行列にあたります. そして, 係数行列 $\mathbf{B}$ とは, $\mathbf{W} = \mathbf{I}-\mathbf{B}$ という関係にあります.

4.1 節で説明したように, 独立成分分析モデルの混合行列 $\mathbf{A}$ は, 列の順序と尺度を除いて識別可能です[10,18]. 同様に, 復元行列 $\mathbf{W}$ ($= \mathbf{A}^{-1} = \mathbf{I}-\mathbf{B}$) は, その行の順序と尺度を除いて識別可能です. そのため, 独立成分分析が推定できる限界は, 正しい復元行列 $\mathbf{W}$ とは行の順序と尺度が異なるかもしれない $p \times p$ 行列

$$\begin{aligned}\mathbf{W}_{\mathrm{ICA}} &= \mathbf{PDW} \\ &= \mathbf{PD}(\mathbf{I}-\mathbf{B})\end{aligned} \quad (4.12)$$

です. $p \times p$ 行列 $\mathbf{P}$ は行の順序を表す置換行列であり, $p \times p$ 行列 $\mathbf{D}$ は行の尺度を表す対角行列です.

置換行列 $\mathbf{P}$ と対角行列 $\mathbf{D}$, そして復元行列 $\mathbf{W}$ ($=\mathbf{I}-\mathbf{B}$) はすべて, 分析者には未知です. ただし, その積である $\mathbf{W}_{\mathrm{ICA}} = \mathbf{PDW}$ は独立成分分析によって推定できるという状況です.

もし置換行列 $\mathbf{P}$ と対角行列 $\mathbf{D}$ が既知なら, 行列 $\mathbf{W}_{\mathrm{ICA}}$ の左から置換行列 $\mathbf{P}$ の逆行列と対角行列 $\mathbf{D}$ の逆行列をそれぞれ掛けて,

$$\mathbf{D}^{-1}\mathbf{P}^{-1}\mathbf{W}_{\mathrm{ICA}} = \mathbf{D}^{-1}\mathbf{P}^{-1}\mathbf{PDW}$$
$$= \mathbf{W}$$

と復元行列 $\mathbf{W}$ を推定できます．復元行列 $\mathbf{W}$ を推定できれば，係数行列 $\mathbf{B}$ は，$\mathbf{W} = \mathbf{I} - \mathbf{B}$ という関係から，

$$\mathbf{B} = \mathbf{I} - \mathbf{W}$$

と求めることができます．

ただし実際は，置換行列 $\mathbf{P}$ と対角行列 $\mathbf{D}$ は未知であり，独立成分分析では推定することもできません．復元行列 $\mathbf{W}$ の行の順序と尺度は識別可能ではないからです．

しかし実は，LiNGAM モデルにおいては，独立成分分析と異なり，置換行列 $\mathbf{P}$ と対角行列 $\mathbf{D}$ を推定することができます[88]．その仕組みを，例を用いて説明します．次の LiNGAM モデルを考えましょう．

$$x_1 = e_1$$
$$x_2 = b_{21}x_1 + e_2$$

ここで，誤差変数 e_1 と e_2 は独立であり，それぞれ非ガウス連続分布に従います．

この LiNGAM モデルは，行列を用いると次のように書けます．

$$\underbrace{\begin{bmatrix} x_1 \\ x_2 \end{bmatrix}}_{\boldsymbol{x}} = \underbrace{\begin{bmatrix} 0 & 0 \\ b_{21} & 0 \end{bmatrix}}_{\mathbf{B}} \underbrace{\begin{bmatrix} x_1 \\ x_2 \end{bmatrix}}_{\boldsymbol{x}} + \underbrace{\begin{bmatrix} e_1 \\ e_2 \end{bmatrix}}_{\boldsymbol{e}}$$

そして，この式を観測変数ベクトル $\boldsymbol{x}$ について解くと，

$$\underbrace{\begin{bmatrix} x_1 \\ x_2 \end{bmatrix}}_{x} = \underbrace{\left(\begin{bmatrix} 1 & 0 \\ 0 & 1 \end{bmatrix} - \begin{bmatrix} 0 & 0 \\ b_{21} & 0 \end{bmatrix} \right)^{-1}}_{(\mathbf{I}-\mathbf{B})^{-1}} \underbrace{\begin{bmatrix} e_1 \\ e_2 \end{bmatrix}}_{e}$$

$$= \underbrace{\begin{bmatrix} 1 & 0 \\ -b_{21} & 1 \end{bmatrix}^{-1}}_{\mathbf{W}^{-1}} \underbrace{\begin{bmatrix} e_1 \\ e_2 \end{bmatrix}}_{e} \qquad (4.13)$$

$$= \underbrace{\begin{bmatrix} 1 & 0 \\ b_{21} & 1 \end{bmatrix}}_{\mathbf{A}} \underbrace{\begin{bmatrix} e_1 \\ e_2 \end{bmatrix}}_{e}$$

と,独立成分分析モデルの形式で書けます.非ガウスかつ独立な誤差変数 e_i ($i = 1, \ldots, p$) が,行列 $\mathbf{A}$ によって混ぜ合わされて,変数 x_i ($i = 1, \ldots, p$) として観測されるというデータ生成過程です.

この場合,正しい復元行列 $\mathbf{W}$ ($= \mathbf{I} - \mathbf{B}$) は,式 (4.13) より

$$\mathbf{W} = \begin{bmatrix} 1 & 0 \\ -b_{21} & 1 \end{bmatrix} \qquad (4.14)$$

です.この復元行列に限らず,一般に行列 $\mathbf{W}$ の対角成分は 1 です.なぜなら,復元行列 $\mathbf{W}$ は $\mathbf{W} = \mathbf{I} - \mathbf{B}$ と書け,そして係数行列 $\mathbf{B}$ の対角成分は,非巡回性の仮定のため,すべて 0 だからです.

さて,復元行列 $\mathbf{W}$ の左から,対角成分が 0 ではない対角行列 $\mathbf{D}$ を掛けても,行列の成分のゼロ・非ゼロパターンは変わりません.各行が単に定数倍されるだけであって,行の順序を変えたりはしないからです.いいかえると,式 (4.14) の正しい復元行列 $\mathbf{W}$ の左から,対角成分が 0 でない対角行列

$$\mathbf{D} = \begin{bmatrix} d_{11} & 0 \\ 0 & d_{22} \end{bmatrix}$$

を掛けてつくった行列

$$\mathbf{DW} = \begin{bmatrix} d_{11} & 0 \\ -d_{22} b_{21} & d_{22} \end{bmatrix} \qquad (4.15)$$

の 0 である成分と 0 でない成分の位置は,式 (4.14) の正しい復元行列 $\mathbf{W}$ と

同じです．したがって，行列 $\mathbf{DW}$ の対角成分はどれも 0 ではありません．

ここで，ためしに，式 (4.15) の行列 $\mathbf{DW}$ の 1 行目と 2 行目を入れかえてみましょう．つまり，行の順序を式 (4.14) の正しい復元行列とは違うものにしてみます．式で表しましょう．次の置換行列

$$\mathbf{P}_{12} = \begin{bmatrix} 0 & 1 \\ 1 & 0 \end{bmatrix} \tag{4.16}$$

を行列 $\mathbf{DW}$ の左から掛けます．すると，

$$\mathbf{P}_{12}\mathbf{DW} = \begin{bmatrix} -d_{22}b_{21} & d_{22} \\ d_{11} & 0 \end{bmatrix}$$

となります．対角行列 $\mathbf{D}$ を掛けた場合と異なり，行の順序を変更すると，行列の成分のゼロ・非ゼロパターンが変わり，対角成分である第 (2,2) 成分が 0 になってしまいます．

このように，行の順序が正しくない場合は，対角成分のいずれかが 0 になってしまうことが知られています[88]．2 変数の場合だけでなく，3 変数以上の場合も同様です．そこで，独立成分分析によって識別される行列 $\mathbf{W}_{\mathrm{ICA}}$ ($= \mathbf{PDW}$) の行を並び替えて，その対角成分が 1 つも 0 にならないような行の順序を探します．たとえば，独立成分分析によって次の行列が得られたとしましょう．

$$\begin{aligned} \mathbf{W}_{\mathrm{ICA}} &= \mathbf{P}_{12}\mathbf{DW} \\ &= \begin{bmatrix} -d_{22}b_{21} & d_{22} \\ d_{11} & 0 \end{bmatrix} \end{aligned} \tag{4.17}$$

これは，式 (4.12)（100 ページ）の独立成分分析によって推定される行の順序を決める置換行列 $\mathbf{P}$ が，式 (4.16) の置換行列 $\mathbf{P}_{12}$ の場合です．この行列の対角成分には 0 があるので，行の順序は正しくありません．そこで，対角成分に 0 が来ないように行の順序を並び替えます．この例では，1 行目と 2 行目を入れ替えればよいことになります．そのような入れ替えをするために，次の置換行列

$$\tilde{\mathbf{P}} = \begin{bmatrix} 0 & 1 \\ 1 & 0 \end{bmatrix}$$

を式 (4.17)（前ページ）の行列 $\mathbf{W}_{\text{ICA}}$ の左から掛けます. すると,

$$
\begin{aligned}
\tilde{\mathbf{P}}\mathbf{W}_{\text{ICA}} &= \tilde{\mathbf{P}}(\mathbf{P}_{12}\mathbf{D}\mathbf{W}) \\
&= \underbrace{\begin{bmatrix} 0 & 1 \\ 1 & 0 \end{bmatrix}}_{\tilde{\mathbf{P}}} \underbrace{\begin{bmatrix} -d_{22}b_{21} & d_{22} \\ d_{11} & 0 \end{bmatrix}}_{\mathbf{P}_{12}\mathbf{D}\mathbf{W}} \\
&= \underbrace{\begin{bmatrix} d_{11} & 0 \\ -d_{22}b_{21} & d_{22} \end{bmatrix}}_{\mathbf{D}\mathbf{W}}
\end{aligned}
$$

となり，対角成分に 0 がなくなります．そして，行の順序は，式 (4.14)（102 ページ）の正しい復元行列 $\mathbf{W}$ と同じものに戻っています.

一般に，行列 $\tilde{\mathbf{P}}\mathbf{W}_{\text{ICA}}$ の対角成分に 0 が来ないような置換行列 $\tilde{\mathbf{P}}$ を見つければ,

$$
\begin{aligned}
\tilde{\mathbf{P}}\mathbf{W}_{\text{ICA}} &= \tilde{\mathbf{P}}\mathbf{P}\mathbf{D}\mathbf{W} \\
&= \underbrace{\tilde{\mathbf{P}}\mathbf{P}}_{=\mathbf{I}}\mathbf{D}\mathbf{W} \\
&= \mathbf{D}\mathbf{W} \quad\quad\quad\quad\quad\quad (4.18)
\end{aligned}
$$

となり，置換行列 $\mathbf{P}$ による行の順序の変更を $\tilde{\mathbf{P}}\mathbf{P}=\mathbf{I}$ と相殺して，正しい順序に戻すことができます [88].

さて，式 (4.18) のように，独立成分分析によって識別される復元行列もどきの行列 $\mathbf{W}_{\text{ICA}}$ の行を置換行列 $\tilde{\mathbf{P}}$ によって並び替えて，正しい行の順序に戻せたとしましょう．そこまでくれば，あとは，復元行列 $\mathbf{W}$ の行の尺度を表す対角行列 $\mathbf{D}$ を求めるのみです．対角行列 $\mathbf{D}$ が求まれば，式 (4.18) の行列 $\tilde{\mathbf{P}}\mathbf{W}_{\text{ICA}}$ の左から対角行列 $\mathbf{D}$ の逆行列を掛けて,

$$
\begin{aligned}
\mathbf{D}^{-1}\tilde{\mathbf{P}}\mathbf{W}_{\text{ICA}} &= \mathbf{D}^{-1}\mathbf{D}\mathbf{W} \\
&= \mathbf{W} \quad\quad\quad\quad\quad\quad (4.19)
\end{aligned}
$$

と正しい復元行列 $\mathbf{W}$ を推定できます.

では，対角行列 $\mathbf{D}$ の求め方を説明します．まず，対角行列 $\mathbf{D}$ の対角成分は，行列 $\mathbf{D}\mathbf{W}$ の対角成分と等しいことに着目します．等しい理由は，復元行

列 $\mathbf{W}\ (=\mathbf{I}-\mathbf{B})$ の対角成分がすべて1であることです．たとえば，式 (4.15)（102ページ）の行列

$$\mathbf{DW} = \begin{bmatrix} d_{11} & 0 \\ -d_{22}b_{21} & d_{22} \end{bmatrix}$$

を見ると，対角成分は d_{11} と d_{22} であり，対角行列 $\mathbf{D}$ の対角成分と同じです．

もちろん，独立成分分析を適用した段階では，対角行列 $\mathbf{D}$ も復元行列 $\mathbf{W}$ も未知です．しかし，式 (4.18) のように，置換行列 $\tilde{\mathbf{P}}$ を見つけることに成功し，行の順序が正しいものに戻っていれば，

$$\tilde{\mathbf{P}}\mathbf{W}_{\mathrm{ICA}} = \mathbf{DW}$$

が成り立つので，行列 $\mathbf{DW}$ を行列 $\tilde{\mathbf{P}}\mathbf{W}_{\mathrm{ICA}}$ によって推定できます．したがって，対角行列 $\mathbf{D}$ は

$$\mathbf{D} = \mathrm{diag}(\tilde{\mathbf{P}}\mathbf{W}_{\mathrm{ICA}}) \tag{4.20}$$

と推定できます．記号 diag は，行列から対角成分をとり出して，対角行列をつくる操作を表します．

今の例であれば，式 (4.20) の右辺は

$$\begin{aligned}\mathrm{diag}(\tilde{\mathbf{P}}\mathbf{W}_{\mathrm{ICA}}) &= \mathrm{diag}(\mathbf{DW}) \\ &= \mathrm{diag}\left(\begin{bmatrix} d_{11} & 0 \\ -d_{22}b_{21} & d_{22} \end{bmatrix}\right) \\ &= \begin{bmatrix} d_{11} & 0 \\ 0 & d_{22} \end{bmatrix} \\ &= \mathbf{D}\end{aligned}$$

と，対角行列 $\mathbf{D}$ になります．

以上より，式 (4.20) によって求めた対角行列 $\mathbf{D}$ を式 (4.19) の左辺で用いれば，復元行列 $\mathbf{W}$ を推定できます．そして，$\mathbf{W} = \mathbf{I} - \mathbf{B}$ という関係（100ページ）から，係数行列 $\mathbf{B}$ を

$$\mathbf{B} = \mathbf{I} - \mathbf{W}$$

と求めることができます．

4.3 LiNGAMモデルの推定

本節では，LiNGAMモデルの係数行列 $\mathbf{B}$ の推定法を説明します．大きく分けると，2つのアプローチがあります．1つは，独立成分分析の手法を援用する推定アプローチです．もう1つは，回帰分析と独立性の評価を繰り返すアプローチです．どちらの推定アプローチも，2段階で係数行列 $\mathbf{B}$ を推定します．1段階目では，観測変数 x_i の因果的順序 $k(i)$ $(i=1,\ldots,p)$ を推定します．98ページで触れたように，因果的順序 $k(i)$ $(i=1,\ldots,p)$ に従って観測変数を並び替えると，係数行列 $\mathbf{B}$ は厳密な下三角行列になります．したがって，図4.7のように，係数行列の上三角部分の成分はすべて0と推定できます．そこで，2段階目では，残りの下三角部分の成分を推定します．

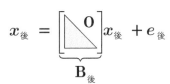

1. 変数 x_i の因果的順序 $k(i)$ を推定 $(i=1,...,p)$
   - 因果的順序に従って変数を並び替えると，係数行列は厳密な下三角行列になる
2. 係数行列の下三角部分の成分を推定

構造方程式の行列表現

$$x_{後} = \underbrace{\begin{bmatrix} & \mathbf{O} \\ \diagdown & \end{bmatrix}}_{\mathbf{B}_{後}} x_{後} + e_{後}$$

図 4.7 係数行列 $\mathbf{B}$ を2段階で推定します．

4.3.1 独立成分分析によるアプローチ

1つめの推定アプローチでは，4.1節の**独立成分分析**の手法を援用します[88]．独立成分分析のこなれた技術[40,42,88]が利用可能なため，計算負荷は軽めです．4.2節において LiNGAM モデルが識別可能であることを示したときと同様の手順で推定を行います．

まず，データ行列 $\mathbf{X}$ に独立成分分析を適用して，復元行列 $\mathbf{W}$ $(=\mathbf{I}-\mathbf{B})$ を

推定します．たとえば，代表的な独立成分分析の推定法である FastICA[40] を用います．推定された行列を $\hat{\mathbf{W}}_{\mathrm{ICA}}$ と表しましょう．独立成分分析では，復元行列の行の順序を一意に推測することができません．そこで，LiNGAM モデルの非巡回性の仮定を利用して，復元行列 $\mathbf{W}_{\mathrm{ICA}}$ の行の順序を推測します．具体的には，推定された行列 $\hat{\mathbf{W}}_{\mathrm{ICA}}$ の対角成分に 0 が来ないように行を並び替えます．ただし，識別可能性を議論したときとは違い，実際の値が 0 であったとしても，その推定値はぴったり 0 にはなりません．そこで，代わりに，対角成分の値の絶対値ができるだけ大きくなるように，行列 $\hat{\mathbf{W}}_{\mathrm{ICA}}$ の行を並び替えます．式で書くと，次のような置換行列 $\widehat{\tilde{\mathbf{P}}}$ を探すことにあたります．

$$\widehat{\tilde{\mathbf{P}}} = \underset{\tilde{\mathbf{P}}}{\operatorname{argmin}} \sum_{i=1}^{p} \frac{1}{|(\tilde{\mathbf{P}}\hat{\mathbf{W}}_{\mathrm{ICA}})_{ii}|}$$

ここで，記号 $(\tilde{\mathbf{P}}\hat{\mathbf{W}}_{\mathrm{ICA}})_{ii}$ は，行列 $\tilde{\mathbf{P}}\hat{\mathbf{W}}_{\mathrm{ICA}}$ の第 (i,i) 成分を表します．この置換行列を探す問題は，たとえば，ハンガリアン法[53]とよばれる古典的な線形割当法[7]によって解くことができます．

次に，復元行列 $\mathbf{W}$ の行の尺度を推定します．式 (4.18)（104 ページ）より，行の順序を正しい順序に戻してあれば，対角成分にできるだけ 0 が来ないように行列 $\hat{\mathbf{W}}_{\mathrm{ICA}}$ の行の順序を並び替えた行列 $\widehat{\tilde{\mathbf{P}}}\hat{\mathbf{W}}_{\mathrm{ICA}}$ の対角成分は，復元行列 $\mathbf{W}$ の行の尺度を表していると考えられます．そこで，復元行列 $\mathbf{W}$ の行の尺度を表す対角行列 $\mathbf{D}$ を

$$\hat{\mathbf{D}} = \operatorname{diag}(\widehat{\tilde{\mathbf{P}}}\hat{\mathbf{W}}_{\mathrm{ICA}})$$

と推定します．

そして，式 (4.19)（104 ページ）のように，行列 $\widehat{\tilde{\mathbf{P}}}\hat{\mathbf{W}}_{\mathrm{ICA}}$ の各行を対角行列 $\hat{\mathbf{D}}$ の対角成分でそれぞれ割って，次のように復元行列 $\mathbf{W}$ を推定します．

$$\hat{\mathbf{W}} = \hat{\mathbf{D}}^{-1}\widehat{\tilde{\mathbf{P}}}\hat{\mathbf{W}}_{\mathrm{ICA}}$$

復元行列 $\mathbf{W}$ と係数行列 $\mathbf{B}$ は，$\mathbf{W} = \mathbf{I} - \mathbf{B}$ という関係にあります．この関係を用いて，係数行列 $\mathbf{B}$ を

$$\begin{aligned}\hat{\mathbf{B}} &= \mathbf{I} - \hat{\mathbf{W}} \\ &= \mathbf{I} - \hat{\mathbf{D}}^{-1}\widehat{\tilde{\mathbf{P}}}\hat{\mathbf{W}}_{\mathrm{ICA}}\end{aligned} \quad (4.21)$$

と推定します．これで，係数行列 $\mathbf{B}$ が推定できました．しかし，係数行列 $\mathbf{B}$ の成分の値が実際には 0 であっても，推定誤差のために推定値は 0 ではありません．そのため，式 (4.21)（前ページ）で推測された係数行列 $\mathbf{B}$ に基づいて因果グラフを描くと，図 4.8 左のように，双方向の因果関係がある巡回グラフになります．

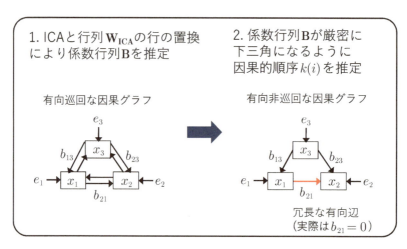

図 4.8 独立成分分析による推定アプローチ．

そのため，さらに，観測変数 x_i の因果的順序 $k(i)$ $(i = 1, \ldots, p)$ を推測します．因果的順序に従って観測変数を並び替えれば，係数行列は厳密な下三角行列になるはずです．そこで，推測した因果的順序に従って観測変数を並び替えたときの係数行列の上三角部分の成分を 0 と推定します．その係数行列に基いて因果グラフを描けば，図 4.8 右のような有向非巡回グラフになります．

では，因果的順序を推測する方法を説明します．式 (4.9)（96 ページほか）の LiNGAM モデル

$$\boldsymbol{x} = \mathbf{B}\boldsymbol{x} + \boldsymbol{e} \qquad (4.9\,\text{再掲})$$

の両辺に置換行列 $\ddot{\mathbf{P}}$ を左から掛けると，

$$\ddot{\mathbf{P}}\boldsymbol{x} = \ddot{\mathbf{P}}\mathbf{B}\boldsymbol{x} + \ddot{\mathbf{P}}\boldsymbol{e}$$

となります．置換行列は直交行列ですから，$\ddot{\mathbf{P}}^\top \ddot{\mathbf{P}} = \mathbf{I}$ が成り立ちます．この性質を利用すると，

$$\ddot{\mathbf{P}}x = \ddot{\mathbf{P}}\mathbf{B}\underbrace{\ddot{\mathbf{P}}^\top \ddot{\mathbf{P}}}_{=\mathbf{I}}x + \ddot{\mathbf{P}}e$$
$$= (\ddot{\mathbf{P}}\mathbf{B}\ddot{\mathbf{P}}^\top)\ddot{\mathbf{P}}x + \ddot{\mathbf{P}}e$$

と書けます．これは，置換行列 $\ddot{\mathbf{P}}$ によって並び替えた観測変数ベクトル $\ddot{\mathbf{P}}x$ の LiNGAM モデルです．行列 $\ddot{\mathbf{P}}\mathbf{B}\ddot{\mathbf{P}}^\top$ が係数行列にあたります．

98 ページで説明したように因果的順序は，それに従って観測変数を並び替えたときに係数行列が厳密な下三角行列になるような順序です．そこで，行列 $\ddot{\mathbf{P}}\hat{\mathbf{B}}\ddot{\mathbf{P}}^\top$ が厳密な下三角行列にできるだけ近くなるような置換行列 $\ddot{\mathbf{P}}$ を探します．行列 $\hat{\mathbf{B}}$ は，式 (4.21)（107 ページ）で求めた係数行列 $\mathbf{B}$ の推定値です．

行列 $\ddot{\mathbf{P}}\hat{\mathbf{B}}\ddot{\mathbf{P}}^\top$ が厳密な下三角行列にどのくらい近いかは，たとえば，その対角部分と上三角部分の成分の 2 乗和で測ります．厳密な下三角行列であれば，対角部分と上三角部分の成分の 2 乗和は 0 です．そこで，次のような置換行列 $\hat{\ddot{\mathbf{P}}}$ を探します．

$$\hat{\ddot{\mathbf{P}}} = \underset{\ddot{\mathbf{P}}}{\operatorname{argmin}} \sum_{i \leq j}(\ddot{\mathbf{P}}\hat{\mathbf{B}}\ddot{\mathbf{P}}^\top)_{ij}^2$$

ここで，記号 $(\ddot{\mathbf{P}}\hat{\mathbf{B}}\ddot{\mathbf{P}}^\top)_{ij}$ は，行列 $\ddot{\mathbf{P}}\hat{\mathbf{B}}\ddot{\mathbf{P}}^\top$ の第 (i,j) 成分です．

ただし，観測変数の数が増えるにつれて，このような置換行列を探すことは現実的には不可能になります．ありうる置換行列の数が膨大になり，すべての置換行列の候補を試すことができなくなってしまうからです．そこで，すべての候補を試すことを回避するような方法が提案されています[34]．

その方法では，まず，行列 $\hat{\mathbf{B}}$ の成分のうち，絶対値が小さい方から $p(p+1)/2$ 個を 0 とみなして，0 と置き換えます．なぜ $p(p+1)/2$ 個かというと，$p \times p$ 行列の対角成分と上三角部分の成分の数が計 $p(p+1)/2$ 個であるため，厳密な下三角行列にするには最低限それだけの数は 0 とおく必要があるからです．そして，観測変数の順序を並び替えて，行列 $\hat{\mathbf{B}}$ が厳密な下三角行列にできるかどうかを調べます．もし厳密な下三角行列になれば，そこで終了です．もしならなければ，その次に絶対値が小さい成分を 0 とおいて，厳密な

下三角行列になるかを再び調べます．厳密な下三角行列になるまで，同じことを繰り返します．係数行列が厳密な下三角行列になるときの変数の順序によって因果的順序を推測します．

このようにして，因果的順序 $k(i)$ $(i = 1, \ldots, p)$ を推測できたら，次は，その順序に従って回帰分析を行い，係数行列 $\mathbf{B}$ を推定します．具体的には，式 (3.6)（72 ページ）のように，各観測変数を目的変数に，その親変数候補を説明変数にとり，線形回帰分析をします．変数 x_i の親変数候補とは，因果的順序が $k(j)<k(i)$ となるような変数 x_j の集合です．親変数候補とよぶ理由は，親と祖先の両方が含まれているからです．すると，各変数 x_i $(i = 1, \ldots, p)$ の構造方程式

$$x_i = \sum_{k(j)<k(i)} b_{ij} x_j + e_i$$

の右辺にある係数 b_{ij} は，変数 x_i を目的変数に，因果的順序が $k(j) < k(i)$ となるような親変数候補 x_j を説明変数にとって，回帰分析をしたときの x_j から x_i への偏回帰係数によって推定できます[88]．

ただし，係数 b_{ij} の値が実際は 0 でも，最小 2 乗法のような通常の回帰分析の推定値はぴったり 0 にはなりません．そのため，図 4.9 上段のように，本来は削除すべき冗長な有向辺が残ってしまいます．そこで，たとえば，**適応型 Lasso(adaptive Lasso)**[111] とよばれるスパース回帰[104] の一種を用いて，図 4.9 下段のように冗長な有向辺を削除します．なお，冗長な有向辺を削除することを**枝刈り (pruning)** といいます．適応型 Lasso では，サンプルサイズが十分大きければ，親変数の候補から正しい親変数を選択することができます．つまり，因果的順序が $k(j) < k(i)$ となるような変数の集合 x_j から，$b_{ij} \neq 0$ となるような変数の集合を見つけることができます．

適応型 Lasso では，次の目的関数を最小化します．

$$\left\| x_i - \sum_{k(j)<k(i)} b_{ij} x_j \right\|^2 + \lambda \sum_{k(j)<k(i)} \frac{|b_{ij}|}{|\hat{b}_{ij}|^\gamma}$$

ここで λ と γ は調整パラメータであり，$\hat{b}_{ij}$ は b_{ij} の一致推定量による推定値です．調整パラメータは，モデルのよさを測る指標である**ベイズ情報量規準**[84] などの情報量規準 (**information criterion**)[52] を用いて選択するこ

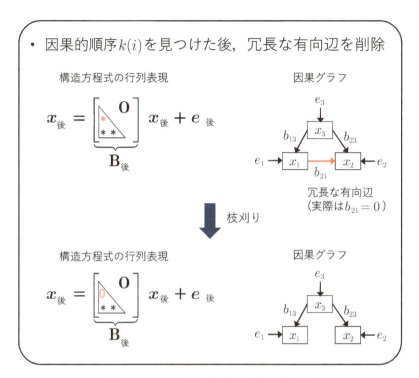

図 4.9 スパース回帰で冗長な有向辺を削除します.

とができます.通常,$\hat{b}_{ij}$ は最小 2 乗法による線形回帰を用いて推定します.

情報量規準を用いるには,誤差変数 e_i ($i = 1, \ldots, p$) の分布を知る必要があります.LiNGAM アプローチの特長は,独立成分分析の長所を引き継ぎ,誤差変数の非ガウス分布を明示的に特定する必要がないことです.もちろん,情報量規準を利用するために,誤差変数の分布を推定してもよいです.ただ因果的順序を推測してしまえば,係数の推定には非ガウス性を利用する必要はありません.そのため,誤差変数の分布をガウス分布で近似することにして情報量規準を利用しても,実際の性能はそれほど悪くはないでしょう[103].

4.3.2 回帰分析と独立性評価によるアプローチ

2 つめのアプローチは,LiNGAM モデルに特化したアプローチ[43, 89]で

す．このアプローチは，独立成分分析の推定法は使いません．代わりに，**回帰分析 (regression analysis)** と**独立性の評価 (examination of independence)** を繰り返すことによって，観測変数 x_i の因果的順序 $k(i)$ $(i = 1, \ldots, p)$ を早い方から1つずつ推定します．

このアプローチの発想を，2変数の場合を例に説明します．次のように，因果的順序の最初が変数 x_1 であり，次が変数 x_2 である構造方程式モデルに基づいてデータが生成される場合を考えましょう．

$$x_1 = e_1 \tag{4.22}$$
$$x_2 = b_{21}x_1 + e_2 \tag{4.23}$$

誤差変数 e_1 と e_2 は独立で，それぞれ非ガウス連続分布に従います．係数 b_{21} は0ではありません．したがって，変数 x_1 が原因で変数 x_2 が結果です．

このモデルを用いて，因果的順序の最初の変数が x_1 であることをデータからどのように推定するかを説明します．まず，変数 x_2 を目的変数に，変数 x_1 を説明変数にとって，最小2乗法を用いて線形回帰分析をします．因果的順序に従った回帰分析です．観測数 n は，推定誤差を無視できるほど十分大きいとします．すると，変数 x_2 を変数 x_1 へ回帰した場合の回帰係数は $\frac{\text{cov}(x_2,x_1)}{\text{var}(x_1)}$ と書けます．そして，共分散 $\text{cov}(x_2, x_1)$ と分散 $\text{var}(x_1)$ は，

$$\begin{aligned}
\text{cov}(x_2, x_1) &= E(x_2 x_1) - E(x_2) E(x_1) \\
&= E[(b_{21}e_1 + e_2)e_1] - E(b_{21}e_1 + e_2) E(e_1) \\
&= b_{21} E(e_1^2) + E(e_1 e_2) - b_{21} E(e_1)^2 - E(e_1) E(e_2) \\
&= b_{21} E(e_1^2) + E(e_1) E(e_2) - b_{21} E(e_1)^2 - E(e_1) E(e_2) \\
&= b_{21} \{ E(e_1^2) - E(e_1)^2 \} \tag{4.24} \\
\text{var}(x_1) &= E(x_1^2) - E(x_1)^2 \\
&= E(e_1^2) - E(e_1)^2 \tag{4.25}
\end{aligned}$$

と計算できます．誤差変数が独立であるため，$E(e_1 e_2) = E(e_1) E(e_2)$ というように積の期待値が期待値の積と等しくなることを使いました．

式 (4.24) と式 (4.25) より，回帰係数 $\frac{\text{cov}(x_2,x_1)}{\text{var}(x_1)}$ は

$$\frac{\mathrm{cov}(x_2,x_1)}{\mathrm{var}(x_1)} = \frac{b_{21}\{E(e_1^2)-E(e_1)^2\}}{E(e_1^2)-E(e_1)^2}$$
$$= b_{21}$$

です. そのため, 残差 $r_2^{(1)}$ は,

$$r_2^{(1)} = x_2 - \frac{\mathrm{cov}(x_2,x_1)}{\mathrm{var}(x_1)}x_1$$
$$= x_2 - b_{21}x_1$$
$$= e_2 \qquad (4.26)$$

となります. 残差 $r_2^{(1)}$ の右下の添字は目的変数の番号を, 右上の添字は説明変数の番号を表します.

式 (4.26) より, 残差 $r_2^{(1)}$ と誤差変数 e_2 は等しいことがわかります. さらに, 式 (4.22) より, 変数 x_1 は誤差変数 e_1 と同じです. LiNGAM モデルの仮定から, 誤差変数 e_1 と e_2 は独立なため, 説明変数 x_1 ($=e_1$) と残差 $r_2^{(1)}$ ($=e_2$) は独立になります.

次は, 逆に, 変数 x_1 を目的変数に, 変数 x_2 を説明変数にとって, 再び回帰分析をしてみましょう. 先と異なり, 因果的順序とは逆の順序による回帰分析です. すると, 残差 $r_1^{(2)}$ は

$$r_1^{(2)} = x_1 - \frac{\mathrm{cov}(x_1,x_2)}{\mathrm{var}(x_2)}x_2$$
$$= x_1 - \frac{\mathrm{cov}(x_1,x_2)}{\mathrm{var}(x_2)}(b_{21}x_1 + e_2)$$
$$= \left\{1 - \frac{b_{21}\mathrm{cov}(x_1,x_2)}{\mathrm{var}(x_2)}\right\}x_1 - \frac{\mathrm{cov}(x_1,x_2)}{\mathrm{var}(x_2)}e_2$$
$$= \left\{1 - \frac{b_{21}\mathrm{cov}(x_1,x_2)}{\mathrm{var}(x_2)}\right\}e_1 - \frac{b_{21}\mathrm{var}(x_1)}{\mathrm{var}(x_2)}e_2 \qquad (4.27)$$

と計算できます. モデルの仮定より, 係数 b_{21} は 0 ではありません. そのため, 式 (4.27) の残差 $r_1^{(2)}$ には誤差変数 e_2 が含まれています. さらに, 式 (4.23) より, 変数 x_2 にも誤差変数 e_2 が含まれています. したがって, 残差 $r_1^{(2)}$ と説明変数 x_2 は独立ではなく従属します. どちらにも共通に誤差変数 e_2 が含まれているからです.

このように, 正しい因果的順序で回帰分析を行うと, 説明変数と残差は独

立になります.一方,正しくない因果的順序で回帰分析を行うと,説明変数と残差は従属になります.したがって,独立になる場合の説明変数が因果的順序の最初の変数であると推定できます.

ここで,非ガウス分布の仮定がなぜ必要なのかを,もう少し詳しく説明します.そのために,**ダルモア・スキットビッチの定理**(**Darmois-Skitovich theorem**)[12,92] とよばれる定理を示します.

> **定理 4.1(ダルモア・スキットビッチの定理)**
>
> 2つの確率変数 y_1 と y_2 を,独立な確率変数 s_i $(i=1,\ldots,q)$ の線形和として,次のように定義する.
>
> $$y_1 = \sum_{i=1}^{q} \alpha_i s_i$$
>
> $$y_2 = \sum_{i=1}^{q} \beta_i s_i$$
>
> このとき,もし y_1 と y_2 が独立なら,$\alpha_j \beta_j \neq 0$ となるような変数 s_j はすべてガウス分布に従う.

この定理の対偶が示すのは,「もし $\alpha_j \beta_j \neq 0$ となるような非ガウス分布に従う変数 s_j があれば,y_1 と y_2 は従属である」ことです.なお,$\alpha_j \beta_j \neq 0$ とは,α_j も β_j も 0 ではないということです.

では,「正しくない因果的順序で回帰分析を行った場合,説明変数と残差が従属する」ことをダルモア・スキットビッチの定理の対偶を用いて示します.そこで,式 (4.22) と式 (4.23)(112 ページ)のモデルにおいて,変数 x_1 を目的変数にとり,変数 x_2 を説明変数にとって回帰分析する場合を考えます.式 (4.23) と式 (4.27)(前ページ)より,説明変数 x_2 と残差 $r_1^{(2)}$ は,

$$x_2 = b_{21}x_1 + e_2$$
$$r_1^{(2)} = \left\{1 - \frac{b_{21}\mathrm{cov}(x_1, x_2)}{\mathrm{var}(x_2)}\right\} e_1 - \frac{b_{21}\mathrm{var}(x_1)}{\mathrm{var}(x_2)} e_2$$

です.これにダルモア・スキットビッチ定理を適用します.説明変数 x_2 と残差 $r_1^{(2)}$ が,ダルモア・スキットビッチ定理における変数 y_1 と y_2 に対応し

ます.すると,非ガウス分布に従う誤差変数 e_2 から x_2 への係数は 1 であり,非ゼロです.さらに,e_2 から残差 $r_1^{(2)}$ への係数 $-\frac{b_{21}\mathrm{var}(x_1)}{\mathrm{var}(x_2)}$ も,非ゼロです.したがって,どちらへの係数も 0 でない非ガウス分布に従う変数 e_2 があるため,説明変数 x_2 と残差 $r_1^{(2)}$ は従属の関係にあります.なお,誤差変数 e_2 が,ダルモア・スキットビッチ定理における変数 s_j に対応します.

3 変数以上の場合も,2 変数の場合と同様にして,因果的順番が最初の変数を推定することができます.具体的には,次の定理 [89] を用います.

> **定理 4.2**
>
> 式 (4.9)(96 ページほか)の LiNGAM モデルを仮定する.観測数 n は推定誤差を無視できるほど十分大きいとする.観測変数 x_i を観測変数 x_j に線形回帰したときの**残差 (residual)** を $r_i^{(j)}$ で表す.つまり
>
> $$r_i^{(j)} = x_i - \frac{\mathrm{cov}(x_i, x_j)}{\mathrm{var}(x_j)} x_j \quad (i, j = 1, \ldots, p; i \neq j)$$
>
> と書く.このとき,観測変数 x_j が因果的順序において最初の変数になることができるのは,観測変数 x_j がその残差すべて $r_i^{(j)}$ ($i = 1, \ldots, p; i \neq j$) と独立であるときで,かつそのときに限る.

この定理をいいかえると,「観測変数のすべての組ごとに,どちらを目的変数にしてどちらを説明変数にするかの 2 通りで回帰分析を行ったときに,どの組においても残差と独立になるような説明変数は因果的順序の最初になることができる」ということです.なお,図 4.6(99 ページ)のモデルのように,因果的順序の最初になることができる変数は複数あることもあります.重要なことは,3 変数以上の場合であっても,結局,2 変数の回帰分析を行い,説明変数と誤差変数が独立かどうかを調べればよいということです.

説明変数と残差の独立性を評価するために,式 (4.5)(94 ページ)の相互情報量を用います.変数 x_j と残差 $r_i^{(j)}$ の相互情報量を $I(x_j, r_i^{(j)})$ で表し,変数 x_i と残差 $r_j^{(i)}$ の相互情報量を $I(x_i, r_j^{(i)})$ によって表しましょう.すると,説明変数と残差の相互情報量は,次のように求めることができます.

$$I(x_j, r_i^{(j)}) = H(x_j) + H(r_i^{(j)}) - H([x_j \ r_i^{(j)}]^\top) \qquad (4.28)$$
$$I(x_i, r_j^{(i)}) = H(x_i) + H(r_j^{(i)}) - H([x_i \ r_j^{(i)}]^\top) \qquad (4.29)$$

そして,これらの相互情報量が 0 かどうかで,独立かどうかを判定します.ただ,相互情報量を推定する際の推定誤差があるので,たとえ独立であっても,その推定値はぴったり 0 にはなりません.そこで,2 つの変数のうち,どちらを説明変数にする方が残差との相互情報量が小さくなるか,つまり独立に近くなるかを調べるのが一般的です.

説明変数と残差の相互情報量を推定するためには,式 (4.28) と式 (4.29) の右辺にある 2 次元エントロピー $H([x_j \ r_i^{(j)}]^\top)$ と $H([x_i \ r_j^{(i)}]^\top)$ を推定する必要があります.一般的に,エントロピーの次元が高くなるにつれて,推定誤差が大きくなったり計算時間が長くかかったりするようになります.そして,たとえ 2 次元であってもエントロピーの推定は容易ではないことはよくあります.

そこで,相互情報量の差を 1 次元エントロピーで表す方法があります[43].まず,観測変数 x_i と x_j を標準化した変数を $\tilde{x}_i$ と $\tilde{x}_j$ で表します.標準化というのは,平均が 0,分散が 1 になるように,もとの平均を引き,もとの標準偏差で割ることです.つまり,

$$\tilde{x}_i = \frac{x_i - E(x_i)}{\text{std}(x_i)} \quad (i = 1, \ldots, p)$$

と定義します.記号 $\text{std}(x_i)$ は変数 x_i の標準偏差を表します.そして,標準化した変数 $\tilde{x}_i$ を目的変数にとり,標準化した変数 $\tilde{x}_j$ を説明変数にとって回帰分析した場合の残差を $\tilde{r}_i^{(j)}$ と表します.逆に,$\tilde{x}_j$ を目的変数にとり,$\tilde{x}_i$ を説明変数にとった場合の残差を $\tilde{r}_j^{(i)}$ と表します.

すると,変数 x_i と x_j を標準化してから計算する相互情報量の差 $m(x_i, x_j)$ は,次のように書けます.計算の説明は式を示した後にします.すると,

$$
\begin{aligned}
m(x_i, x_j) &= I(\tilde{x}_j, \tilde{r}_i^{(j)}) - I(\tilde{x}_i, \tilde{r}_j^{(i)}) \\
&= \{H(\tilde{x}_j) + H(\tilde{r}_i^{(j)}) - H([\tilde{x}_j\ \tilde{r}_i^{(j)}]^\top)\} \\
&\quad - \{H(\tilde{x}_i) + H(\tilde{r}_j^{(i)}) - H([\tilde{x}_i\ \tilde{r}_j^{(i)}]^\top)\} \quad (4.30) \\
&= \{H(\tilde{x}_j) + H(\tilde{r}_i^{(j)})\} - \{H(\tilde{x}_i) + H(\tilde{r}_j^{(i)})\} \quad (4.31) \\
&= \left\{H(\tilde{x}_j) + H\left(\frac{\tilde{r}_i^{(j)}}{\mathrm{std}(\tilde{r}_i^{(j)})}\right) + \log \mathrm{std}(\tilde{r}_i^{(j)})\right\} \\
&\quad - \left\{H(\tilde{x}_i) + H\left(\frac{\tilde{r}_j^{(i)}}{\mathrm{std}(\tilde{r}_j^{(i)})}\right) + \log \mathrm{std}(\tilde{r}_j^{(i)})\right\} \quad (4.32) \\
&= \left\{H(\tilde{x}_j) + H\left(\frac{\tilde{r}_i^{(j)}}{\mathrm{std}(\tilde{r}_i^{(j)})}\right)\right\} \\
&\quad - \left\{H(\tilde{x}_i) + H\left(\frac{\tilde{r}_j^{(i)}}{\mathrm{std}(\tilde{r}_j^{(i)})}\right)\right\} \quad (4.33)
\end{aligned}
$$

と書けます[43]. 指標 $m(x_i, x_j)$ の値が負なら，相互情報量 $I(\tilde{x}_j, \tilde{r}_i^{(j)})$ の方が相互情報量 $I(\tilde{x}_i, \tilde{r}_j^{(i)})$ より小さいことを示します．したがって，$\tilde{x}_j$ の方が $\tilde{x}_i$ より因果的順番が早いことを意味します．なお，標準化をしても因果的順序は変わりません．$\tilde{x}_j$ の方が $\tilde{x}_i$ より因果的順序が早ければ，x_j の方が x_i より因果的順序は早くなります．逆に，指標 $m(x_i, x_j)$ の値が正なら，$\tilde{x}_i$ の方が $\tilde{x}_j$ より因果的順番が早いことを意味します．

なお，式 (4.30) から式 (4.31) へは

$$H([\tilde{x}_j\ \tilde{r}_i^{(j)}]^\top) = H([\tilde{x}_i\ \tilde{r}_j^{(i)}]^\top) \quad (4.34)$$

を使いました．この等式が成り立つ理由を説明します．まず，変数 $\tilde{x}_i$ と $\tilde{x}_j$ が，回帰分析の説明変数と残差の線形変換として，次のように書けることに着目します．

$$\begin{bmatrix} \tilde{x}_i \\ \tilde{x}_j \end{bmatrix} = \begin{bmatrix} \mathrm{corr}(\tilde{x}_i, \tilde{x}_j) & 1 \\ 1 & 0 \end{bmatrix} \begin{bmatrix} \tilde{x}_j \\ \tilde{r}_i^{(j)} \end{bmatrix} \quad (4.35)$$

$$\begin{bmatrix} \tilde{x}_i \\ \tilde{x}_j \end{bmatrix} = \begin{bmatrix} 1 & 0 \\ \mathrm{corr}(\tilde{x}_j, \tilde{x}_i) & 1 \end{bmatrix} \begin{bmatrix} \tilde{x}_i \\ \tilde{r}_j^{(i)} \end{bmatrix} \quad (4.36)$$

記号 $\mathrm{corr}(\tilde{x}_i, \tilde{x}_j)$ は，変数 $\tilde{x}_i$ と $\tilde{x}_j$ の相関係数を表します．そして，一般に，ベクトル $\boldsymbol{v}$ を行列 $\mathbf{T}$ によって線形変換したベクトル $\boldsymbol{u} = \mathbf{T}\boldsymbol{v}$ のエントロピー $H(\boldsymbol{u})$ は

$$H(\boldsymbol{u}) = H(\boldsymbol{v}) + \log|\det \mathbf{T}| \tag{4.37}$$

と書ける [42] ことを利用します．式 (4.35) と式 (4.36) における線形変換を表す行列の行列式の絶対値の対数変換は

$$\log\left|\det\begin{bmatrix} \mathrm{corr}(\tilde{x}_i, \tilde{x}_j) & 1 \\ 1 & 0 \end{bmatrix}\right| = \log|-1| = 0$$

$$\log\left|\det\begin{bmatrix} 1 & 0 \\ \mathrm{corr}(\tilde{x}_j, \tilde{x}_i) & 1 \end{bmatrix}\right| = \log 1 = 0$$

と，どちらも 0 になります．したがって，式 (4.37) を式 (4.35) と式 (4.36)（前ページ）に用いると

$$H([\tilde{x}_i, \tilde{x}_j]^\top) = H([\tilde{x}_j\ \tilde{r}_i^{(j)}]^\top)$$
$$H([\tilde{x}_i, \tilde{x}_j]^\top) = H([\tilde{x}_i\ \tilde{r}_j^{(i)}]^\top)$$

となり，2 つの式の左辺が共通しているので，右辺が等しくなり，式 (4.34)（前ページ）が成り立ちます．

式 (4.31) から式 (4.32)（前ページ）についても同様に，残差の標準偏差で割るという線形変換をすると考えて，残差の標準偏差を対数変換してマイナスを掛けた項 $\log \mathrm{std}(\tilde{r}_i^{(j)})$ と $\log \mathrm{std}(\tilde{r}_j^{(i)})$ が加わっています．この線形変換をするのは，エントロピー H の引数である残差の分散が 1 になるようにするためです．

最後に，式 (4.32) から式 (4.33) へは

$$\log \mathrm{std}(\tilde{r}_i^{(j)}) = \log \mathrm{std}(\tilde{r}_j^{(i)}) \tag{4.38}$$

を使いました．この等式が成り立つ理由を説明します．変数 $\tilde{x}_1$ と $\tilde{x}_2$ の分散は 1 ですから，式 (4.35) と式 (4.36)（前ページ）にあるように回帰係数は相関係数と等しくなります．そのため，残差の分散は等しくなり，式 (4.38) が成立します．

さて，話を戻しましょう．式 (4.33)（前ページ）を使えば，相互情報量の

大小を比較するために各変数の 1 次元エントロピーを計算すればよくなります．そのため，推定誤差が小さくなったり計算時間が短くなったりすることが期待できます．

式 (4.6)（94 ページ）にあるように，エントロピーを計算するには確率密度関数を推定する必要があります．確率密度関数は一般に未知だからです．しかし，確率密度関数を正確に推定することは簡単ではありません．そこで，確率密度関数の推定を避けるために，次のように最大エントロピー近似をすることが提案されています [39,43]．

$$H(u) \approx H(\nu) - k_1[E\{\log \cosh u\} - \gamma]^2 - k_2[E\{u \exp(-u^2/2)\}]^2$$

変数 u の平均は 0 で分散は 1 です．$H(\nu) = \frac{1}{2}(1 + \log 2\pi)$ は，平均が 0 で分散が 1 のガウス分布に従う変数のエントロピーです．そして k_1, k_2, γ は定数であり，おおよそ $k_1 \approx 79.047$, $k_2 \approx 7.4129$, $\gamma \approx 0.37457$ です．この近似を用いて，式 (4.33) のエントロピー $H(\tilde{x}_j)$, $H\left(\frac{\tilde{r}_i^{(j)}}{\text{std}(\tilde{r}_i^{(j)})}\right)$, $H(\tilde{x}_i)$, $H\left(\frac{\tilde{r}_j^{(i)}}{\text{std}(\tilde{r}_j^{(i)})}\right)$ を推定します．そのために，観測変数と残差を標準化します．

定理 4.2（115 ページ）より，観測変数のすべての組ごとに回帰分析を行ったときに，どの組においても残差と独立になるような説明変数は，因果的順序の最初の変数になることができます．そこで，たとえば，式 (4.33) の相互情報量の大小を比較する指標 $m(x_i, x_j)$ を次のようにまとめます [43]．

$$M(x_i; \mathbf{U}) = -\sum_{j \in \mathbf{U}} \min(0, m(x_i, x_j))^2$$

記号 $\mathbf{U}$ は分析する変数番号の集合です．そして，記号 $\min(0, m(x_i, x_j))$ は，0 と $m(x_i, x_j)$ のうち小さい方の値を表します．

指標 $M(x_i; \mathbf{U})$ が最大になる変数を因果的順序の最初になることのできる変数であると推定します．式 (4.33) の指標 $m(x_i, x_j)$ が正であれば，x_i の方が x_j より因果的順序が早いということですが，そのときは $\min(0, m(x_i, x_j))^2 = 0$ となります．また，指標 $m(x_i, x_j)$ が 0 であれば，x_j と x_i には因果的順序がつきません．どちらを早い順序にしても遅い順序にしてもかまいません．このときは $\min(0, m(x_i, x_j))^2$ は 0 です．そして，指標 $m(x_i, x_j)$ が負であれば，x_j は x_i より因果的順序が早いということで

すが，そのときは $\min(0, m(x_i, x_j))^2$ は正の値をとります．指標 $m(x_i, x_j)$ が正になることしかなければ，$M(x_i; \mathbf{U})$ は 0 となり，このときが最大です．一方，指標 $m(x_i, x_j)$ が負になることが多く，かつ，0 を下回る度合いが大きいほど，$M(x_i; \mathbf{U})$ は，大きな負の値をとりやすくなると考えられます．

このようにして，因果的順番が最も早い変数を推測します．では，次は，最も早い変数だけでなく，因果的順序全体をどう推測するかを説明します．例として，次の 3 変数のモデルを考えます．

$$\begin{bmatrix} x_3 \\ x_1 \\ x_2 \end{bmatrix} = \begin{bmatrix} 0 & 0 & 0 \\ b_{13} & 0 & 0 \\ 0 & b_{21} & 0 \end{bmatrix} \begin{bmatrix} x_3 \\ x_1 \\ x_2 \end{bmatrix} + \begin{bmatrix} e_3 \\ e_1 \\ e_2 \end{bmatrix} \quad (4.39)$$

誤差変数 e_1, e_2, e_3 は非ガウスかつ独立です．因果グラフは，図 4.10 の右下にあります．

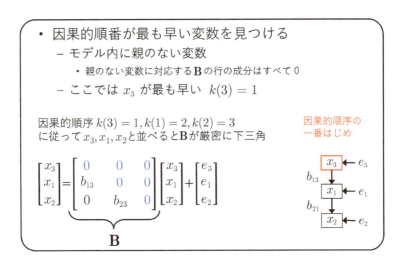

図 4.10 因果的順序が最も早い変数を探します．

まず，今説明した方法を用いて因果的順番が最も早い観測変数を探します．因果的順番が最も早い観測変数は，因果グラフの中で親となる観測変数をもたない変数です．なぜなら，もし親となる観測変数があれば，その観測変数の方が因果的順番が早くなってしまい矛盾するからです．式 (4.39) の場合，

因果的順番が最も早い観測変数は x_3 です．というのは，x_3 に対応する係数行列 $\mathbf{B}$ の第 1 行の成分は，すべて 0 なので，ほかのどの観測変数からも有向辺が入らず，親変数をもたないからです．

そして，次は，因果的順番が最も早い x_3 による寄与をほかの観測変数 x_1 と x_2 の値から取り除きます．変数 x_1 と x_2 を目的変数に，x_3 を説明変数にして回帰分析をして，残差 $r_1^{(3)}$ と $r_2^{(3)}$ を求めます．因果的順序に従った回帰分析なので，共分散と分散の推定誤差が十分小さくなるほど観測数が大きければ，x_3 の寄与を x_1 と x_2 から取り除くことができます [89]．つまり，残差 $r_1^{(3)}$ と $r_2^{(3)}$ が

$$\begin{aligned}
r_1^{(3)} &= x_1 - \frac{\mathrm{cov}(x_1, x_3)}{\mathrm{var}(x_3)} x_3 \\
&= x_1 - b_{13} e_3 \\
&= e_1 \quad (4.40)\\
r_2^{(3)} &= x_2 - \frac{\mathrm{cov}(x_2, x_3)}{\mathrm{var}(x_3)} x_3 \\
&= x_2 - b_{21} b_{13} e_3 \\
&= b_{21} e_1 + e_2 \quad (4.41)
\end{aligned}$$

と計算できます．どちらの残差にも，x_3 に関する項は含まれていません．x_3 ($= e_3$) と独立な e_1 と e_2 に関する項のみが含まれています．

この式 (4.40) と式 (4.41) を行列を用いて表すと，次のように，残差 $r_1^{(3)}$ と $r_2^{(3)}$ に関する LiNGAM モデルの形式で書けます．

$$\begin{bmatrix} r_1^{(3)} \\ r_2^{(3)} \end{bmatrix} = \begin{bmatrix} 0 & 0 \\ b_{21} & 0 \end{bmatrix} \begin{bmatrix} r_1^{(3)} \\ r_2^{(3)} \end{bmatrix} + \begin{bmatrix} e_1 \\ e_2 \end{bmatrix}$$

残差 $r_1^{(3)}$ と $r_2^{(3)}$ はそれぞれ，観測変数 x_1 と x_2 から観測変数 x_3 の寄与を取り除いた残りです．変数 x_3 の寄与を取り除く前後の因果グラフを図 4.11（次ページ）の上段と下段に示します．これら残差の因果的順序は，もとの観測変数 x_1 と x_2 の因果的順序と同じです．

そこで，次は，この新しい LiNGAM モデルの残差 $r_1^{(3)}$ と $r_2^{(3)}$ のうち，どちらが因果的順序の最初になるかを，先に説明した相互情報量に基づく方法を再び用いて推測します．この場合は残差 $r_1^{(3)}$ が最初になるはずです．これ

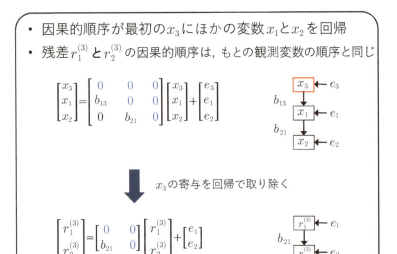

図 4.11 残差も LiNGAM モデルに従います.

は，変数 x_1 が元の LiNGAM モデルでは，因果的順序の 2 番目にあたることを意味します．そして，残った変数 x_2 は因果的順序の最後，つまり 3 番目にあたります．このようにして，因果的順序を最初から順に 1 つずつ推測します．

4.4 本章のまとめ

未観測共通原因がない場合に，因果グラフが一意に推測可能な構造的因果モデルとして，LiNGAM モデル [88] を紹介しました．識別可能な多変数モデルとして，はじめての例です．誤差変数は，ガウス分布以外の分布に従っていればよいです．特定の非ガウス分布に従う必要があるということではありません．ただ，推定法に関しては，推定法で用いる積率やそれ以外の統計量の存在を仮定する必要があります．たとえば，コーシー分布では平均が定義されませんが，識別性についてはコーシー分布でも問題ありません．異なるモデルに対して，観測変数の分布が異なればよいからです．しかし，推定法において平均を計算するなら，平均が存在する必要があり，コーシー分布

は除くことになります．

LiNGAMモデルの推定法として，独立成分分析の手法を援用するアプローチと回帰分析と独立性評価を繰り返すアプローチを説明しました．どちらのアプローチも少なくとも数百変数で実行可能です．独立成分分析を援用するアプローチ[88] は，独立成分分析の分野で培われたいろいろな技術が使えるという利点があります．同じことができるなら，枯れた技術を利用する方がよいからです．たとえば，スパース正則化法と独立成分分析を組み合わせた**スパース独立成分分析 (sparse independent component analysis)** を用いて，因果的順序の推測と係数行列 $\mathbf{B}$ の推定を同時に行うこともできます [44, 108]．

ただし，独立成分分析の代表的な推定法である不動点法[40] や自然勾配法[1] は反復推定法であるため，初期値の選択がよくなければ，局所解に陥るかもしれません[28]．一方，回帰分析と独立性評価を繰り返すアプローチ[43, 89] には，初期値や更新幅はありません．LiNGAMモデルの推定に特化する利点といえます．

ベイズ理論の枠組みでLiNGAMモデルを推定する方法もあります[26, 31]．また，因果的マルコフ条件に基づくノンパラメトリックアプローチと組み合わせることも提案されています[32, 79]．その場合は，まず，観測変数の条件つき独立性を利用して，できる限り因果グラフを推測します．多くの場合，向きを推測することのできない辺，つまり無向辺が残ります．その後，非ガウス性を利用して，さらに因果関係の向き，つまり，無向辺として残った辺の向きを推測します．「誤差変数が非ガウス分布ではなくガウス分布に従っていたらどうなる？」というのはよくある質問ですが，この推定法では，誤差変数がガウス分布に従っている場合であっても，妥当性を失わない推定ができます．因果的マルコフ条件は，ガウス分布の場合でも非ガウス分布の場合でも使うことができるからです．もし非ガウス分布に従っていなければ，因果関係の向きをそれ以上は推測せずに，因果グラフの探索を終了します．

Chapter 5

未観測共通原因がある場合のLiNGAM

> 本章では,発展的話題として,未観測共通原因がある場合の LiNGAM モデルとその推定法を解説します.

5.1 未観測共通原因による難しさ

　復習からはじめましょう.データを用いて因果関係を推測する問題を考えます.2つの観測変数 x_1 と x_2 の因果関係に興味があるとしましょう.ここでは,非巡回性を仮定して,2つの変数間の因果の向きと因果効果の大きさを推定することを考えます.このような因果関係を表現するために,第2章で解説した構造的因果モデルという枠組み[71]を用います.そして,次の3つのモデルを比較します.

$$\text{モデル A}' : \begin{cases} x_1 = e_1 \\ x_2 = b_{21}x_1 + e_2 \end{cases}$$

$$\text{モデル B}' : \begin{cases} x_1 = b_{12}x_2 + e_1 \\ x_2 = e_2 \end{cases}$$

$$\text{モデル C}' : \begin{cases} x_1 = e_1 \\ x_2 = e_2 \end{cases}$$

誤差変数 e_1 と e_2 は未観測です.係数 b_{21} は 0 でない定数であり,変数 x_1

から変数 x_2 への因果効果の大きさを表しています．同様に，係数 b_{12} は 0 でない定数であり，変数 x_2 から変数 x_1 への因果効果の大きさを表しています．因果グラフは，**図** 5.1 上段にあります．そして，変数 x_1 と x_2 のデータ行列 $\mathbf{X}$ が，この 3 つのモデルのどれかから生成されたとします．この設定で，データ行列 $\mathbf{X}$ に基づいて，どのモデルがデータを生成したのかを推測する問題を考えます．

この問題が難しい理由は，誤差変数 e_1 と e_2 が従属であることが多いことです．従属する場合は，たとえモデル A' が正しいと事前に知っていたとしても，回帰分析によって，係数 b_{21} の値を推定することができません．つまり，観測変数 x_2 を観測変数 x_1 に回帰しても，回帰係数は b_{21} とは等しくなりません．

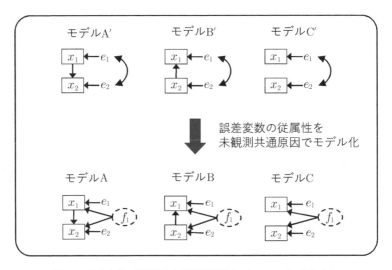

図 5.1 誤差変数の従属性を未観測共通原因によってモデル化します．

誤差変数 e_1 と e_2 が従属する典型的な理由は，観測変数 x_1 と x_2 の両方の原因となるような未観測変数，つまり未観測共通原因の存在です．表記を簡単にするために，未観測共通原因の数をひとまず，1つとします．そして，その未観測共通原因を f_1 と表します．この未観測共通原因 f_1 が誤差変数 e_1

と e_2 を従属にします．未観測共通原因 f_1 を用いると，前ページの 3 つのモデル A', B', C' は，次のように書き直せます．

$$\text{モデル A}: \begin{cases} x_1 = \underbrace{\lambda_{11} f_1 + e_1'}_{e_1} \\ x_2 = b_{21} x_1 + \underbrace{\lambda_{21} f_1 + e_2'}_{e_2} \end{cases}$$

$$\text{モデル B}: \begin{cases} x_1 = b_{12} x_2 + \underbrace{\lambda_{11} f_1 + e_1'}_{e_1} \\ x_2 = \underbrace{\lambda_{21} f_1 + e_2'}_{e_2} \end{cases}$$

$$\text{モデル C}: \begin{cases} x_1 = \underbrace{\lambda_{11} f_1 + e_1'}_{e_1} \\ x_2 = \underbrace{\lambda_{21} f_1 + e_2'}_{e_2} \end{cases}$$

ここで，λ_{11} と λ_{21} は定数で，未観測共通原因 f_1 から観測変数 x_1 と x_2 への直接的な因果効果の大きさ（68 ページ）をそれぞれ表しています．どのモデルでも，誤差変数 e_1 と e_2 の両方が f_1 を含んでいるため，e_1 と e_2 は従属の関係にあります．そして，e_1' と e_2' は，「新しい」誤差変数であり，独立です．独立なのは，未観測共通原因が 1 つしかないと仮定したからです．因果グラフは，図 5.1 下段にあります．

さて，上のモデル A が正しいとすると，介入により x_1 の値を c から d に変えたときの x_1 から x_2 への平均因果効果は次のように書けます．

$$E(x_2|\text{do}(x_1 = d)) - E(x_2|\text{do}(x_1 = c)) = b_{21}(d - c)$$

一方，変数 x_2 を変数 x_1 に回帰したときの回帰係数は

$$\frac{\text{cov}(x_2, x_1)}{\text{var}(x_1)} = \frac{(b_{21}\lambda_{11} + \lambda_{21})\lambda_{11}\text{var}(f_1) + b_{21}\text{var}(e_1')}{\lambda_{11}^2 \text{var}(f_1) + \text{var}(e_1')} \tag{5.1}$$

となります．共分散 $\text{cov}(x_2, x_1)$ の計算をするときは，各観測変数をいったん外生変数のみで書き直してから計算すると簡単です．つまり，モデル A の変数 x_2 を**外生変数** f_1, e_1', e_2' の線形和で書きます．そのために，x_2 の構造方程式の右辺にある x_1 に，x_1 の構造方程式の右辺を代入すると，

$$x_2 = b_{21}x_1 + \lambda_{21}f_1 + e'_2$$
$$= b_{21}(\lambda_{11}f_1 + e'_1) + \lambda_{21}f_1 + e'_2$$
$$= (b_{21}\lambda_{11} + \lambda_{21})f_1 + b_{21}e'_1 + e'_2$$

となり，外生変数 f_1, e'_1, e'_2 の線形和で書けます．すると，観測変数 x_1 と x_2 の共分散 $\mathrm{cov}(x_1, x_2)$ は次のように計算できます．

$$\begin{align}
\mathrm{cov}(x_1, x_2) &= \mathrm{cov}[\lambda_{11}f_1 + e'_1, (b_{21}\lambda_{11} + \lambda_{21})f_1 + b_{21}e'_1 + e'_2] \\
&= \lambda_{11}(b_{21}\lambda_{11} + \lambda_{21})\mathrm{var}(f_1) + \lambda_{11}b_{21}\mathrm{cov}(f_1, e'_1) \\
&\quad + \lambda_{11}\mathrm{cov}(f_1, e'_2) + (b_{21}\lambda_{11} + \lambda_{21})\mathrm{cov}(e'_1, f_1) \\
&\quad + b_{21}\mathrm{var}(e'_1) + \mathrm{cov}(e'_1, e'_2) \tag{5.2} \\
&= \lambda_{11}(b_{21}\lambda_{11} + \lambda_{21})\mathrm{var}(f_1) + b_{21}\mathrm{var}(e'_1) \tag{5.3}
\end{align}$$

式 (5.2) から式 (5.3) へは，独立な外生変数 f_1, e'_1, e'_2 の共分散 $\mathrm{cov}(f_1, e'_1)$, $\mathrm{cov}(f_1, e'_2)$, $\mathrm{cov}(e'_1, f_1)$, $\mathrm{cov}(e'_1, e'_2)$ が 0 になることを使いました．

さて，もし未観測共通原因がなければ，つまり λ_{11} または λ_{21} が 0 なら，式 (5.1)（前ページ）は，b_{21} に等しくなります．しかし，それ以外の場合には，一般に等しくなりません．そのため，たとえ因果方向がわかっていたとしても，未観測共通原因があれば，係数の推定は回帰分析ではできません．

本章では，このような未観測共通原因のある場合のセミパラメトリックアプローチとして，非ガウス性を利用する LiNGAM アプローチを説明します．関数形に仮定をおかない場合は，つまり，ノンパラメトリックアプローチでは，因果的マルコフ条件に基づいて推定します．しかし，今の場合，変数 x_1 と x_2 はどのモデルにおいても従属なため，ノンパラメトリックアプローチは，3 つのモデル A, B, C を区別できません．線形性とガウス性を仮定するパラメトリックアプローチも同様です．

5.2 未観測共通原因がある LiNGAM モデル

LiNGAM モデルを未観測共通原因がある場合へ拡張したモデル [35] を説明します．未観測共通原因がある場合の LiNGAM モデルは，次のように書けます．

5.2 未観測共通原因がある LiNGAM モデル

$$x_i = \sum_{j \neq i} b_{ij} x_j + \sum_{\ell=1}^{L} \lambda_{i\ell} f_\ell + e_i \quad (i = 1, \ldots, p) \tag{5.4}$$

ここで，f_ℓ ($\ell = 1, \ldots, L$) は，非ガウス連続分布に従う未観測共通原因です．誤差変数 e_i ($i = 1, \ldots, p$) もそれぞれ非ガウス連続分布に従います．係数 $\lambda_{i\ell}$ は，未観測共通原因 f_ℓ から観測変数 x_i への直接的な因果効果の大きさを表します ($\ell = 1, \ldots, L; i = 1, \ldots, p$)．また，係数 b_{ij} は観測変数 x_j から x_i への直接的な因果効果の大きさを表します ($i, j = 1, \ldots, p$)．誤差変数 e_i ($i = 1, \ldots, p$) と未観測共通原因 f_ℓ ($\ell = 1, \ldots, L$) は，すべて独立であると仮定します．そして，観測変数 x_i ($i = 1, \ldots, p$) と未観測共通原因 f_ℓ ($\ell = 1, \ldots, L$) の定性的な因果関係を表す因果グラフが非巡回であると仮定します．

なお，未観測共通原因 f_ℓ は未観測であるため，その分散は未知です．そして，係数 $\lambda_{i\ell}$ も未知です．そのため，未観測共通原因 f_ℓ の尺度は識別可能ではありません．つまり，分散を一意に推定できません．なぜなら，どんな定数 c を未観測共通原因 f_ℓ に掛けても，係数 $\lambda_{i\ell}$ を同じ値で割っておけば，係数と未観測共通原因の積は同じだからです．つまり

$$\lambda_{i\ell} f_\ell = \left(\frac{\lambda_{i\ell}}{c}\right)(cf_\ell)$$

が成り立つからです．そこで，未観測共通原因 f_ℓ の分散は 1 であるという仮定を追加して，尺度を定めるのが一般的です．そうすれば，係数 $\lambda_{i\ell}$ も定まります．ただし，このようにして求めた係数 $\lambda_{i\ell}$ は，もとの係数とは一般に異なります．分析者が尺度を勝手に定めたからです．しかし，たしかに係数も未観測共通原因の分散も一意に推定することはできませんが，その積を求めることはできるわけです．そのため，このように分散が 1 になるように定めても，観測変数の因果グラフが変わってしまったり，観測変数間の因果効果の大きさが変わってしまったりすることはありません．

式 (5.4) のモデルは，行列を使うと

$$\bm{x} = \bm{B}\bm{x} + \bm{\Lambda}\bm{f} + \bm{e} \tag{5.5}$$

と書けます．式 (4.9)（96 ページほか）の LiNGAM モデルとは異なり，独立な未観測共通原因 f_ℓ を第 ℓ 成分にもつ L 次元ベクトル $\bm{f}$ が追加されてい

ます．$p \times L$ 行列 $\mathbf{\Lambda}$ は，係数 $\lambda_{i\ell}$ を第 (i,ℓ) 成分にもつ係数行列です．係数行列 $\mathbf{\Lambda}$ の列は線形独立であると仮定します．この仮定は，89 ページで触れたような冗長性がないことを意味します．

5.3 未観測共通原因は独立と仮定しても一般性を失わない

未観測共通原因 f_ℓ $(\ell = 1, \ldots, L)$ が独立というのは強い仮定に見えます．しかし，一般性を失うことなく，独立であると仮定することができます．というのは，観測変数と未観測共通原因の因果関係が線形であれば，従属な未観測共通原因は，独立な未観測変数の線形和として書き直せるからです[35]．

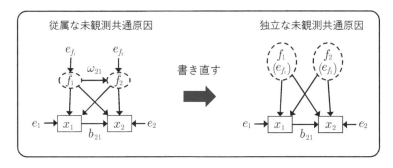

図 5.2 独立な未観測共通原因で書き直せます．

例を用いて説明しましょう．図 5.2 左の因果グラフをもつような次のモデルを考えます．

$$\bar{f}_1 = e_{\bar{f}_1} \tag{5.6}$$

$$\bar{f}_2 = \omega_{21} \bar{f}_1 + e_{\bar{f}_2} \tag{5.7}$$

$$x_1 = \lambda_{11} \bar{f}_1 + \lambda_{12} \bar{f}_2 + e_1 \tag{5.8}$$

$$x_2 = b_{21} x_1 + \lambda_{21} \bar{f}_1 + \lambda_{22} \bar{f}_2 + e_2 \tag{5.9}$$

誤差変数 $e_{\bar{f}_1}, e_{\bar{f}_2}, e_1, e_2$ は非ガウスかつ独立です．また，係数 ω_{21} は 0 でない定数です．未観測共通原因と観測変数である $\bar{f}_1, \bar{f}_2, x_1, x_2$ の関係は線形です．そして，未観測共通原因 $\bar{f}_1$ と $\bar{f}_2$ は従属の関係にあります．未観測共

通原因 $\bar{f}_1$ が $\bar{f}_2$ の原因だからです．

この式 (5.8) と式 (5.9) を行列を用いてまとめて書くと，次のようになります．

$$\begin{bmatrix} x_1 \\ x_2 \end{bmatrix} = \begin{bmatrix} 0 & 0 \\ b_{21} & 0 \end{bmatrix} \begin{bmatrix} x_1 \\ x_2 \end{bmatrix} + \begin{bmatrix} \lambda_{11} & \lambda_{12} \\ \lambda_{21} & \lambda_{22} \end{bmatrix} \begin{bmatrix} \bar{f}_1 \\ \bar{f}_2 \end{bmatrix} + \begin{bmatrix} e_1 \\ e_2 \end{bmatrix} \tag{5.10}$$

式 (5.6) と式 (5.7) の従属な未観測共通原因 $\bar{f}_1$ と $\bar{f}_2$ の関係は，行列を用いて，次のように書けます．

$$\begin{bmatrix} \bar{f}_1 \\ \bar{f}_2 \end{bmatrix} = \begin{bmatrix} 1 & 0 \\ \omega_{21} & 1 \end{bmatrix} \begin{bmatrix} e_{\bar{f}_1} \\ e_{\bar{f}_2} \end{bmatrix} \tag{5.11}$$

この式 (5.11) を式 (5.10) に代入すると，

$$\underbrace{\begin{bmatrix} x_1 \\ x_2 \end{bmatrix}}_{x} = \underbrace{\begin{bmatrix} 0 & 0 \\ b_{21} & 0 \end{bmatrix}}_{B} \underbrace{\begin{bmatrix} x_1 \\ x_2 \end{bmatrix}}_{x} + \underbrace{\begin{bmatrix} \lambda_{11} + \lambda_{12}\omega_{21} & \lambda_{12} \\ \lambda_{21} + \lambda_{22}\omega_{21} & \lambda_{22} \end{bmatrix}}_{\Lambda} \underbrace{\begin{bmatrix} e_{\bar{f}_1} \\ e_{\bar{f}_2} \end{bmatrix}}_{f} + \underbrace{\begin{bmatrix} e_1 \\ e_2 \end{bmatrix}}_{e}$$

となります．そして，誤差変数 $e_{\bar{f}_1}$ と $e_{\bar{f}_2}$ を「新しい」未観測共通原因 f_1, f_2 だとみなして，$f_1 = e_{\bar{f}_1}$, $f_2 = e_{\bar{f}_2}$ と書き直します．すると，誤差変数 $e_{\bar{f}_1}$ と $e_{\bar{f}_2}$ は非ガウスかつ独立であるため，このモデルは，式 (5.5)（129 ページ）の未観測共通原因がある場合の LiNGAM モデルになります．因果グラフも図 5.2 左から右へ変わります．このようにして，未観測共通原因が従属でも，独立になるように書き直せます．

5.4 独立成分分析に基づくアプローチ

では，独立成分分析による推定アプローチ[35]を解説します．まずは，識別性について説明しましょう．式 (5.5) の未観測共通原因がある LiNGAM モデルの仮定に加えて，観測変数 x_i ($i = 1, \ldots, p$) と未観測共通原因 f_ℓ ($\ell = 1, \ldots, L$) に忠実性を仮定します．この場合，忠実性とは，「観測変数と未観測共通原因の間の条件つき独立性が，因果グラフの構造に反して，係数 b_{ij} ($i, j = 1, \ldots, p$) と λ_{il} ($i = 1, \ldots, p; \ell = 1, \ldots, L$) の特定の値の組み合

わせによって決まったりはしない」という仮定です．観測変数だけでなく，未観測共通原因も含めていることに注意してください．

すると，たとえば，次の3つのモデルが識別可能です．

$$\text{モデル A}: \begin{cases} x_1 = \sum_{\ell=1}^{L} \lambda_{1\ell} f_\ell + e_1 \\ x_2 = b_{21} x_1 + \sum_{\ell=1}^{L} \lambda_{2\ell} f_\ell + e_2 \end{cases}$$

$$\text{モデル B}: \begin{cases} x_1 = b_{12} x_2 + \sum_{\ell=1}^{L} \lambda_{1\ell} f_\ell + e_1 \\ x_2 = \sum_{\ell=1}^{L} \lambda_{2\ell} f_\ell + e_2 \end{cases}$$

$$\text{モデル C}: \begin{cases} x_1 = \sum_{\ell=1}^{L} \lambda_{1\ell} f_\ell + e_1 \\ x_2 = \sum_{\ell=1}^{L} \lambda_{2\ell} f_\ell + e_2 \end{cases}$$

係数 b_{21} と b_{12} はどちらも0ではありません．未観測共通原因が1つの場合，つまり，$L=1$ の場合の因果グラフは，図 5.1（126 ページ）下段にあります．モデル A では，x_1 が原因で，x_2 が結果です．一方，モデル B では，x_2 が原因で，x_1 が結果です．そして，モデル C では，x_1 と x_2 は因果関係にありません．

この3つのモデルのどれかからデータ行列 $\mathbf{X}$ が生成されたとして，もとのモデルを推定する問題を考えます．まず，上のモデル A を考えます．表記を簡単にするために，未観測共通原因の数は1つ，つまり $L=1$ とします．ただ，2つ以上の場合も同じようにできます．すると，モデル A は次のように書けます．

$$x_1 = \lambda_{11} f_1 + e_1$$
$$x_2 = b_{21} x_1 + \lambda_{21} f_1 + e_2$$

誤差変数 e_1 と e_2 は非ガウスかつ独立です．行列を用いれば，次のように書けます．

$$\underbrace{\begin{bmatrix} x_1 \\ x_2 \end{bmatrix}}_{\bm{x}} = \underbrace{\begin{bmatrix} 0 & 0 \\ b_{21} & 0 \end{bmatrix}}_{\bm{B}} \underbrace{\begin{bmatrix} x_1 \\ x_2 \end{bmatrix}}_{\bm{x}} + \underbrace{\begin{bmatrix} \lambda_{11} \\ \lambda_{21} \end{bmatrix}}_{\bm{\Lambda}} \underbrace{\begin{bmatrix} f_1 \end{bmatrix}}_{\bm{f}} + \underbrace{\begin{bmatrix} e_1 \\ e_2 \end{bmatrix}}_{\bm{e}}$$

そして,これを観測変数ベクトル $\bm{x}$ について解きます.まず,右辺の $\bm{x}$ に関する項 $\bm{Bx}$ を左辺に移項します.

$$(\bm{I} - \bm{B})\bm{x} = \bm{\Lambda f} + \bm{e}$$

次に,行列 $\bm{I} - \bm{B}$ の逆行列を両辺に掛けると,

$$\bm{x} = (\bm{I} - \bm{B})^{-1}(\bm{\Lambda f} + \bm{e})$$

を得ます.さらに,誤差変数 $\bm{e}$ と未観測共通原因 $\bm{f}$ を1つのベクトルにまとめると,

$$\begin{aligned}
\underbrace{\begin{bmatrix} x_1 \\ x_2 \end{bmatrix}}_{\bm{x}} &= \underbrace{\begin{bmatrix} (\bm{I} - \bm{B})^{-1} & (\bm{I} - \bm{B})^{-1}\bm{\Lambda} \end{bmatrix}}_{\bm{A}} \underbrace{\begin{bmatrix} \bm{e} \\ \bm{f} \end{bmatrix}}_{\bm{s}} \\
&= \underbrace{\begin{bmatrix} 1 & 0 & \lambda_{11} \\ b_{21} & 1 & b_{21}\lambda_{11} + \lambda_{21} \end{bmatrix}}_{\bm{A}} \underbrace{\begin{bmatrix} e_1 \\ e_2 \\ f_1 \end{bmatrix}}_{\bm{s}}
\end{aligned} \quad (5.12)$$

と書けます.式 (5.12) の右辺の未観測変数 e_1, e_2, f_1 は非ガウスかつ独立です.そのため,これは 4.1 節の独立成分分析モデルです.係数行列 $\bm{A}$ が独立成分分析モデルの混合行列にあたり,ベクトル $\bm{s}$ が独立成分にあたります.

同様に,モデル B も,次のように独立成分分析モデルの形に書けます.

$$\underbrace{\begin{bmatrix} x_1 \\ x_2 \end{bmatrix}}_{\bm{x}} = \underbrace{\begin{bmatrix} 1 & b_{12} & \lambda_{11} + b_{12}\lambda_{21} \\ 0 & 1 & \lambda_{21} \end{bmatrix}}_{\bm{A}} \underbrace{\begin{bmatrix} e_1 \\ e_2 \\ f_1 \end{bmatrix}}_{\bm{s}} \quad (5.13)$$

そして最後に,モデル C も,次のように独立成分分析の形式で書けます.

$$\underbrace{\begin{bmatrix} x_1 \\ x_2 \end{bmatrix}}_{x} = \underbrace{\begin{bmatrix} 1 & 0 & \lambda_{11} \\ 0 & 1 & \lambda_{21} \end{bmatrix}}_{A} \underbrace{\begin{bmatrix} e_1 \\ e_2 \\ f_1 \end{bmatrix}}_{s} \qquad (5.14)$$

なお，観測変数と未観測共通原因に関する忠実性の仮定のため，式 (5.12)（前ページ）における係数 $b_{21}\lambda_{11} + \lambda_{21}$ と式 (5.13)（前ページ）における係数 $\lambda_{11} + b_{12}\lambda_{21}$ が 0 になることはありません[35]．もし 0 になると，たとえば，127 ページのモデル A において，観測変数 x_2 は

$$x_2 = b_{21}e_1 + e_2$$

と，誤差変数 e_1 と e_2 の線形和になります．そして，誤差変数 e_1, e_2 と未観測共通原因 f_1 は独立なので，観測変数 x_2 と未観測共通原因 f_1 は独立になります．しかし，図 5.1（126 ページ）下段左のモデル A の因果グラフに，因果的マルコフ条件を適用すると，x_2 と f_1 は従属の関係にあるはずです．したがって，矛盾します．モデル B においても同様です．なお，モデル A, B, C のどれにおいても，λ_{11} と λ_{21} はどちらも 0 ではありません．もし，どちらかが 0 になってしまうと，f_1 が共通原因でなくなってしまうからです．

式 (5.12)，式 (5.13)，式 (5.14) の混合行列 $\mathbf{A}$ を見ると，その成分のゼロ・非ゼロパターンは，モデルによって異なります．式 (5.12) のモデル A の場合は，第 (1,2) 成分だけが 0 です．一方，式 (5.13) のモデル B の場合は，第 (2,1) 成分だけが 0 です．そして最後に，式 (5.14) のモデル C の場合は，第 (1,2) 成分と第 (2,1) 成分の 2 つだけが 0 です．

4.1 節で解説したように，独立成分分析では，混合行列 $\mathbf{A}$ は，その列の順序と尺度を除いて識別可能です[10,18]．しかし，この混合行列 $\mathbf{A}$ のゼロ・非ゼロパターンの違いは，列を並び替えても，列の尺度を変えても，消えません．

もし忠実性の仮定をおかなければ，これらの係数が 0 になってしまう可能性があります．その場合は，混合行列 $\mathbf{A}$ の列の順序や尺度を変えると，ゼロ・非ゼロパターンが同じになってしまうことがあります．

このように，3 つの混合行列のゼロ・非ゼロパターンの違いを利用して，どのモデルが正しいかを推測することができます．つまり，データ行列 $\mathbf{X}$ に独立成分分析の推定法を適用して混合行列 $\mathbf{A}$ を推定し，3 つのゼロ・非ゼロパターンのうち，どれに近いかを調べればよい[35]わけです．

5.4 独立成分分析に基づくアプローチ

さて，異なる因果関係を表すモデル A, B, C の観測変数の分布が異なることを，人工的に生成したデータで視覚的に確認してみましょう．3 つのモデルにおいて，未観測共通原因は 1 つとし，係数の値を次のようにとって，データを生成し，散布図を描きます．

$$
\text{モデル A} : \begin{cases} x_1 = 0.3 f_1 + e_1 \\ x_2 = 0.7 x_1 + 0.3 f_1 + e_2 \end{cases}
$$

$$
\text{モデル B} : \begin{cases} x_1 = 0.7 x_2 + 0.3 f_1 + e_1 \\ x_2 = 0.3 f_1 + e_2 \end{cases}
$$

$$
\text{モデル C} : \begin{cases} x_1 = 0.89 f_1 + e_1 \\ x_2 = 0.89 f_1 + e_2 \end{cases}
$$

ただし，どの場合も，f_1, e_1, e_2 の平均は 0 にとります．さらに，e_1 と e_2 の分散は，x_1 と x_2 の分散が 1 になるようにとります．すると，3 つのモデルの観測変数ベクトルの平均と分散共分散行列が同一になります．

まず，モデル A, B, C の誤差変数 e_1, e_2，未観測共通原因 f_1 が，非ガウス分布の 1 つである連続一様分布に従うとして，観測変数 x_1 と x_2 の値を生成した場合の散布図を図 5.3 の最も右の列に示します．右から 1 列目上段が

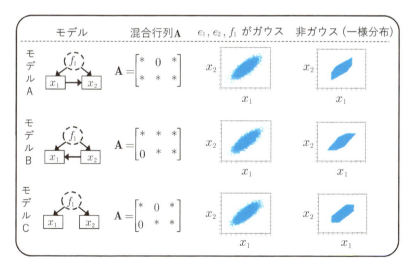

図 5.3　モデル A, モデル B, モデル C の因果グラフと混合行列，そして散布図．

モデル A の散布図で，中段がモデル B，下段がモデル C です．3 つのモデルで観測変数の散布図の形が異なります．このような観測変数の分布の違いを利用して，混合行列 **A** を識別し，もとのモデルを一意に推定することができます．なお，連続一様分布以外の非ガウス分布の場合でも，散布図の形は異なります．

一方，モデル A, B, C の誤差変数 e_1, e_2，未観測共通原因 f_1 がガウス分布に従うとして，観測変数 x_1 と x_2 の値を生成した場合の散布図を，図 5.3 の右から 2 列目に示します．右から 2 列目上段の散布図がモデル A の散布図であり，中段の散布図がモデル B，下段がモデル C です．誤差変数と未観測共通原因が非ガウス分布に従う場合と異なり，どの散布図も同じ形をしています．そのため，もとのモデルを推測することはできません．

さて，LiNGAM モデルを独立成分分析モデルとして見たとき，第 4 章のように未観測共通原因がない場合は，観測変数の数と独立成分の数が同じです．一方，未観測共通原因がある場合は，未観測共通原因がある分，独立成分の数の方が多いです．今の例であれば，観測変数の数が 2 つ，独立成分の数が 3 つです．観測変数より独立成分の方が多い場合の推定法は，実は，それほど発展していません．代表的な方法[56]では，独立成分の確率分布を混合ガウス分布を用いてモデル化し，EM アルゴリズム[14]とよばれる反復推定法を用いて，混合行列 **A** を推定します．

こうして推定した混合行列のゼロ・非ゼロパターンを調べるためには，たとえば**ブートストラップ法 (bootstrap method)**[16]で係数の有意性検定をすることが，1 つの方法[35]です．ただ，EM アルゴリズムに基づく推定は，局所解に陥ることがよくあります[17]．また，ゼロか非ゼロかを調べるために検定を使うことには違和感があるかもしれません．別の方法は，スパース正則化の発想を用いることです．混合行列の成分にスパースな事前分布を仮定して，実際には 0 の係数の推定値がきちんと 0 になるように推定します[26]．

このように，独立成分分析によるアプローチでは，未観測共通原因 $f_1, \ldots, f_L$ を，明示的にモデルに組み込みます．この場合，未観測共通原因の数を特定する必要があります．たとえば，情報量規準などの指標を使って，その数を特定できるかもしれません．ただ，一般に，未観測共通原因は無数にあると考えるのが自然です．そのため，適切な数をデータから推定することは困難であることが多いでしょう．

5.5 混合モデルに基づくアプローチ

次は，未観測共通原因 $f_1, \ldots, f_L$ を明示的にはモデルに組み込まないアプローチ [87] を紹介します．

5.5.1 モデルを観測ごとに書き直す

式 (5.4)（129 ページ）の未観測共通原因がある LiNGAM モデルをもう 1 度示します．

$$x_i = \sum_{j \neq i} b_{ij} x_j + \sum_{\ell=1}^{L} \lambda_{i\ell} f_\ell + e_i \quad (i = 1, \ldots, p) \tag{5.4 再掲}$$

そして，誤差変数 e_i $(i=1,\ldots,p)$ と未観測共通原因 f_ℓ $(\ell=1,\ldots,L)$ の平均は 0 と仮定します．すると，観測変数 x_i $(i=1,\ldots,p)$ の平均も 0 になります．

なお，誤差変数と未観測共通原因の平均が 0 という仮定をおいても，以降の説明は一般性を失いません．線形の場合は，観測変数からそれぞれの平均を引いておけば，この仮定を自動的に満たすことができるからです．たとえば，次のモデルを考えてみましょう．

$$\begin{aligned} x_1 &= \lambda_{11} f_1 + e_1 \\ x_2 &= b_{21} x_1 + \lambda_{21} f_1 + e_2 \end{aligned}$$

このモデルにおける観測変数 x_1 と x_2 の平均 $E(x_1)$ と $E(x_2)$ は

$$\begin{aligned} E(x_1) &= \lambda_{11} E(f_1) + E(e_1) \\ E(x_2) &= b_{21} E(x_1) + \lambda_{21} E(f_1) + E(e_2) \end{aligned}$$

と書けます．そして，観測変数 x_1 と x_2 から，それぞれの平均を引くと

$$\begin{aligned} \underbrace{x_1 - E(x_1)}_{x_1} &= \lambda_{11} \underbrace{(f_1 - E(f_1))}_{f_1} + \underbrace{e_1 - E(e_1)}_{e_1} \\ \underbrace{x_2 - E(x_2)}_{x_2} &= b_{21} \underbrace{(x_1 - E(x_1))}_{x_1} + \lambda_{21} \underbrace{(f_1 - E(f_1))}_{f_1} + \underbrace{e_2 - E(e_2)}_{e_2} \end{aligned}$$

となります．平均を引いたため，変数 $x_i - E(x_i)$, $f_i - E(f_i)$, $e_i - E(e_i)$ ($i = 1, 2$) の平均は 0 です．そこで，これらの変数を観測変数 x_i, 未観測共通原因 f_i, 誤差変数 e_i ($i = 1, 2$) とおき直せば，未観測共通原因のある LiNGAM モデルの形になり，かつ誤差変数と未観測共通原因の平均が 0 という仮定も満たすことができます．もちろん，平均が 0 という仮定以外のモデル仮定は引き続き成り立ちます．

さて，未観測共通原因がある LiNGAM モデルの推定が容易でない理由は，未観測共通原因があることです．そこで，このモデルに別の見方をして，未観測共通原因が「ある」LiNGAM モデルを未観測共通原因の「ない」LiNGAM モデルとして捉え直します．

そのために，まずは未観測共通原因のある LiNGAM モデルを観測ごとに書きます．それから，未観測共通原因の和 $\sum_{\ell=1}^{L} \lambda_{i\ell} f_\ell$ の項を先に書きます．つまり，未観測共通原因がある LiNGAM モデルの m 番目の観測は，次の構造方程式から生成されると考えます．

$$x_i^{(m)} = \sum_{\ell=1}^{L} \lambda_{i\ell} f_\ell^{(m)} + \sum_{j \neq i} b_{ij} x_j^{(m)} + e_i^{(m)} \quad (i = 1, \ldots, p)$$

変数 x_i, 未観測共通原因 f_ℓ, 誤差変数 e_i の右上にある m は，m 番目の観測であることを表しています．なお，m の値が異なっても，つまり，異なる観測でも，未観測共通原因 $f_\ell^{(m)}$ と誤差変数 $e_i^{(m)}$ の分布は同じです．たとえば，異なる m の値 m_1 と m_2 に対して $f_\ell^{(m_1)}$ の分布と $f_\ell^{(m_2)}$ の分布は同じです．同様に，$e_i^{(m_1)}$ の分布と $e_i^{(m_2)}$ の分布は同じです．

ここで，新しく $\mu_i^{(m)}$ という記号を用いて

$$\mu_i^{(m)} = \sum_{\ell=1}^{L} \lambda_{i\ell} f_\ell^{(m)}$$

と未観測共通原因の線形和を表します．すると，m 番目の観測 $x_i^{(m)}$ のデータ生成過程は，次のように書けます．

$$\mu_i^{(m)} = \sum_{\ell=1}^{L} \lambda_{i\ell} f_\ell^{(m)}$$
$$x_i^{(m)} = \mu_i^{(m)} + \sum_{j \neq i} b_{ij} x_j^{(m)} + e_i^{(m)}$$

これは，次のようなデータ生成過程を表しています．まず，未観測共通原因 $f_\ell^{(m)}$ ($\ell = 1, \ldots, L$) の値が生成され，その線形和として $\mu_i^{(m)}$ の値が観測ごとに決まります．次に，この $\mu_i^{(m)}$ を切片として，$x_i^{(m)}$ の値が未観測共通原因の「ない」LiNGAM モデルから生成されます．もちろん，未観測共通原因がない LiNGAM モデルは識別可能です．このモデルの因果グラフは，図 5.4 の右です．

切片の $\mu_i^{(m)}$ ($i = 1, \ldots, p; m = 1, \ldots, n$) が観測ごとに異なりうることに注意してください．もし，未観測共通原因がないなら，これらの切片の値はすべてゼロになり，すべての観測で同じになります．未観測共通原因 f_ℓ ($\ell = 1, \ldots, L$) の存在が切片の違いとして現れています．

このアプローチのポイントは，未観測共通原因 f_ℓ ($\ell = 1, \ldots, L$) を個別に

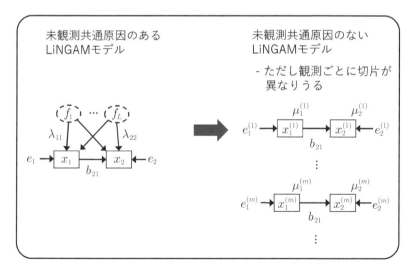

図 5.4 未観測共通原因ありの LiNGAM モデルを，観測ごとに切片が異なるかもしれないが未観測共通原因がない LiNGAM モデルとして捉え直します．

モデルに入れるのではなく，線形和 $\sum_{\ell=1}^{L} \lambda_{i\ell} f_\ell$ としてモデルに入れることです．すると，未観測共通原因の数 L や未観測共通原因から観測変数への直接的因果効果の大きさを表す係数 $\lambda_{i\ell}$ ($i = 1, \ldots, p; \ell = 1, \ldots, L$) を推定する必要がなくなります．未観測共通原因の数や係数は，観測変数間の因果関係を調べる上では，直接的な興味の対象ではありません．

ただ，その代わり，観測の数 n の p 倍の追加パラメータ $\mu_i^{(m)}$ ($i = 1, \ldots, p; m = 1, \ldots, n$) が必要です．そのため，**混合モデル (mixed model)**[13] や**階層ベイズモデル (hierarchical Bayes model)**[23] のように，観測ごとの切片 $\mu_1^{(m)}$ と $\mu_2^{(m)}$ に事前分布を設定し，ベイズの枠組みでモデル選択を行います．そのため，このアプローチを混合モデルに基づくアプローチとよぶことにします．

たとえば，2 変数の場合であれば，ありうる因果の向きが逆向きのモデル A″ とモデル B″ を比較します．

$$\text{モデル A}'' : \begin{cases} x_1^{(m)} = \mu_1^{(m)} + e_1^{(m)} \\ x_2^{(m)} = \mu_2^{(m)} + b_{21} x_1^{(m)} + e_2^{(m)} \end{cases}$$

$$\text{モデル B}'' : \begin{cases} x_1^{(m)} = \mu_1^{(m)} + b_{12} x_2^{(m)} + e_1^{(m)} \\ x_2^{(m)} = \mu_2^{(m)} + e_2^{(m)} \end{cases}$$

モデル A″ では，ありうる因果の向きは，変数 x_1 が原因で変数 x_2 が結果，つまり $x_1 \to x_2$ です．ただ，係数 b_{21} が 0 であれば，2 つの変数 x_1 と x_2 は因果関係にありません．一方，モデル B″ では，ありうる因果の向きは，変数 x_2 が原因で変数 x_1 が結果，つまり $x_2 \to x_1$ です．

2 つのモデル A″ と B″ を比較するために，対数周辺尤度とよばれるモデルのよさを評価する指標を用います．より大きな対数周辺尤度をもつモデルが，正しいモデルに近いと考えられます[49]．ありうる因果の向きを推定したら，次は，その因果効果の大きさを決める係数 b_{21} または b_{12} の事後分布を計算します．そうすれば，係数の値がどの程度 0 から離れているかを調べることができます．

5.5.2 対数周辺尤度でモデルのよさを評価

次に，上のモデル A″ とモデル B″ の対数周辺尤度 (log marginal likelihood) を示します．まず，モデル A″ のパラメータである係数 b_{21}，観測ごとの切片 $\mu_1^{(m)}$ と $\mu_2^{(m)}$，誤差変数 e_1 と e_2 の標準偏差 h_1 と h_2 を，まとめてベクトル $\boldsymbol{\theta}_{\mathrm{A}''}$ によって表します．そして，モデル A″ を $M_{\mathrm{A}''}$ と書き，その**対数事後確率 (log posterior probability)** を $\log p(M_{\mathrm{A}''}|\mathbf{X})$ と表します．データ行列 $\mathbf{X}$ の大きさは，$2 \times n$ です．

同様に，モデル B″ のパラメータである係数 b_{12}，観測ごとの切片 $\mu_1^{(m)}$ と $\mu_2^{(m)}$，誤差変数 e_1 と e_2 の標準偏差 h_1 と h_2 を，まとめてベクトル $\boldsymbol{\theta}_{\mathrm{B}''}$ で表します．そして，モデル B″ を $M_{\mathrm{B}''}$ と書き，その対数事後確率を $\log p(M_{\mathrm{B}''}|\mathbf{X})$ と表します．

すると，モデル A″ の対数事後確率 $\log p(M_{\mathrm{A}''}|\mathbf{X})$ は，次のように書けます．

$$\begin{aligned}
\log p(M_{\mathrm{A}''}|\mathbf{X}) &= \log\{p(\mathbf{X}|M_{\mathrm{A}''})p(M_{\mathrm{A}''})/p(\mathbf{X})\} \\
&= \log p(\mathbf{X}|M_{\mathrm{A}''}) + \log p(M_{\mathrm{A}''}) - \log p(\mathbf{X}) \\
&= \log\left\{\int p(\mathbf{X}|\boldsymbol{\theta}_{\mathrm{A}''}, M_{\mathrm{A}''})p(\boldsymbol{\theta}_{\mathrm{A}''}|M_{\mathrm{A}''}, \boldsymbol{\eta}_{\mathrm{A}''})\mathrm{d}\boldsymbol{\theta}_{\mathrm{A}''}\right\} \\
&\quad + \log p(M_{\mathrm{A}''}) - \log p(\mathbf{X})
\end{aligned} \quad (5.15)$$

ベクトル $\boldsymbol{\eta}_{\mathrm{A}''}$ は，パラメータベクトル $\boldsymbol{\theta}_{\mathrm{A}''}$ の分布に関するハイパーパラメータをまとめて表しています．

同様に，モデル B″ の対数事後確率 $\log p(M_{\mathrm{B}''}|\mathbf{X})$ は，

$$\begin{aligned}
\log p(M_{\mathrm{B}''}|\mathbf{X}) &= \log\left\{\int p(\mathbf{X}|\boldsymbol{\theta}_{\mathrm{B}''}, M_{\mathrm{B}''})p(\boldsymbol{\theta}_{\mathrm{B}''}|M_{\mathrm{B}''}, \boldsymbol{\eta}_{\mathrm{B}''})\mathrm{d}\boldsymbol{\theta}_{\mathrm{B}''}\right\} \\
&\quad + \log p(M_{\mathrm{B}''}) - \log p(\mathbf{X})
\end{aligned} \quad (5.16)$$

と書けます．そして，ベクトル $\boldsymbol{\eta}_{\mathrm{B}''}$ は，パラメータベクトル $\boldsymbol{\theta}_{\mathrm{B}''}$ の分布に関するハイパーパラメータをまとめて表しています．

モデル A″ とモデル B″ のどちらの方がよいか事前にはわからないことが多いです．そのため，2 つのモデルの事前確率 $p(M_{\mathrm{A}''})$ と $p(M_{\mathrm{B}''})$ は等しいと仮定するのが標準的です．その場合，式 (5.15) と式 (5.16) の違いは第 1 項のみです．第 1 項は，それぞれのモデルの尤度 $p(\mathbf{X}|\boldsymbol{\theta}_{\mathrm{A}''}, M_{\mathrm{A}''})$ と $p(\mathbf{X}|\boldsymbol{\theta}_{\mathrm{B}''}, M_{\mathrm{B}''})$ をパラメータベクトル $\boldsymbol{\theta}_{\mathrm{A}''}$ と $\boldsymbol{\theta}_{\mathrm{B}''}$ について周辺化したもので，対数周辺尤度とよばれます．

モデル A″ とモデル B″ の尤度 $p(\mathbf{X}|\boldsymbol{\theta}_{\mathrm{A}''}, M_{\mathrm{A}''})$ と $p(\mathbf{X}|\boldsymbol{\theta}_{\mathrm{B}''}, M_{\mathrm{B}''})$ を計算

するための準備として，式 (4.9) の未観測共通原因がない LiNGAM モデルの観測変数の分布を誤差変数の分布を用いて表します．まず，式 (4.9)（96 ページほか）の LiNGAM モデル

$$x = \mathbf{B}x + e \qquad (4.9\,再掲)$$

を x について解くと，

$$x = (\mathbf{I} - \mathbf{B})^{-1}e$$

と書けます．右辺の誤差変数ベクトル e が，行列 $(\mathbf{I} - \mathbf{B})^{-1}$ によって変換されて，左辺の観測変数ベクトル x になります．正則行列による変換であるため，観測変数の分布 $p(x)$ は誤差変数の分布 $p(e)$ を用いて次のように書けます[42]．

$$p(x) = \det(\mathbf{I} - \mathbf{B})p(e) \qquad (5.17)$$

記号 $\det(\mathbf{I} - \mathbf{B})$ は，行列 $(\mathbf{I} - \mathbf{B})$ の行列式です．98 ページで述べたように，観測変数を因果的順序に従って並び替えると，行列 $\mathbf{B}$ は厳密な下三角行列になります．そのとき，行列 $\mathbf{I} - \mathbf{B}$ は，対角成分がすべて 1 の下三角行列になります．下三角行列の行列式は対角成分の積ですから，その行列式は 1 になります．変数の順序を変えても行列式の値は変わらないので，行列 $\mathbf{I} - \mathbf{B}$ の行列式 $\det(\mathbf{I} - \mathbf{B}) = 1$ です．これを用いて，式 (5.17) の続きを計算すると，

$$\begin{aligned} p(x) &= \det(\mathbf{I} - \mathbf{B})p(e) \\ &= p(e) \end{aligned}$$

となります．さらに，誤差変数 e_i $(i = 1, \ldots, p)$ が独立であることから，

$$\begin{aligned} p(x) &= p(e) \\ &= \prod_{i=1}^{p} p(e_i) \end{aligned} \qquad (5.18)$$

と計算できます．

さて，140 ページのモデル A'' でもモデル B'' でも，それぞれの観測は未観測共通原因がない LiNGAM モデルから生成されます．そのため，式 (5.18) を用いると，モデル A'' の尤度は，

$$p(\mathbf{X}|\boldsymbol{\theta}_{\mathrm{A}''}, M_{\mathrm{A}''})$$
$$= \prod_{m=1}^{n} p(\boldsymbol{x}^{(m)}|\boldsymbol{\theta}_{\mathrm{A}''}, M_{\mathrm{A}''})$$
$$= \prod_{m=1}^{n} p(\boldsymbol{e}^{(m)}|\boldsymbol{\theta}_{\mathrm{A}''}, M_{\mathrm{A}''})$$
$$= \prod_{m=1}^{n} \prod_{i=1}^{2} p(e_i^{(m)}|\boldsymbol{\theta}_{\mathrm{A}''}, M_{\mathrm{A}''})$$
$$= \prod_{m=1}^{n} p(x_1^{(m)} - \mu_1^{(m)}|\boldsymbol{\theta}_{\mathrm{A}''}, M_{\mathrm{A}''}) p(x_2^{(m)} - \mu_2^{(m)} - b_{21}x_1^{(m)}|\boldsymbol{\theta}_{\mathrm{A}''}, M_{\mathrm{A}''})$$

と書けます．最後の式では，モデル A'' の構造方程式より，誤差変数 $e_1^{(m)}$ と $e_2^{(m)}$ を

$$e_1^{(m)} = x_1^{(m)} - \mu_1^{(m)}$$
$$e_2^{(m)} = x_2^{(m)} - \mu_2^{(m)} - b_{21}x_1^{(m)}$$

と計算できることを用いました．同様に，モデル B'' の尤度は

$$p(\mathbf{X}|\boldsymbol{\theta}_{\mathrm{B}''}, M_{\mathrm{B}''})$$
$$= \prod_{m=1}^{n} p(x_1^{(m)} - \mu_1^{(m)} - b_{12}x_2^{(m)}|\boldsymbol{\theta}_{\mathrm{B}''}, M_{\mathrm{B}''}) p(x_2^{(m)} - \mu_2^{(m)}|\boldsymbol{\theta}_{\mathrm{B}''}, M_{\mathrm{B}''})$$

と書けます．ここでは，モデル B'' の構造方程式より，

$$e_1^{(m)} = x_1^{(m)} - \mu_1^{(m)} - b_{12}x_2^{(m)}$$
$$e_2^{(m)} = x_2^{(m)} - \mu_2^{(m)}$$

と計算できることを用いました．

この2つの尤度を計算するためには，誤差変数 e_i ($i=1,2$) の確率密度関数が必要です．ここでは，**一般化ガウス分布 (generalized Gaussian distribution)** [42] を用いて，次のように誤差変数の確率密度関数をモデル化することにします．

$$p(e_i) = \frac{\beta_i}{2\alpha_i \Gamma(1/\beta_i)} e^{-(|e_i|/\alpha_i)^{\beta_i}} \quad (i=1,2) \tag{5.19}$$

記号 Γ は,次のようなガンマ関数です.

$$\Gamma(u) = \int_0^\infty e^{-t} t^{u-1} dt$$

この誤差変数 e_1 と e_2 の平均は 0 です.そして,α_i は尺度パラメータ,β_i は形状パラメータとよばれます.

変数が一般化ガウス分布に従う場合,その分散は,

$$\mathrm{var}(e_i) = \frac{\alpha_i^2 \Gamma(3/\beta_i)}{\Gamma(1/\beta_i)}$$

と書けることが知られています.そのため,誤差変数 e_1 と e_2 の標準偏差を h_1 と h_2 に設定したとすると,尺度パラメータ α_i は

$$\alpha_i = h_i \sqrt{\frac{\Gamma(1/\beta_i)}{\Gamma(3/\beta_i)}}$$

に自動的に決まります.

形状パラメータ β_i ($i=1,2$) の値を変えると,分布の尖り具合あるいは凹み具合が変わります.たとえば,$\beta_i = 1$ ならラプラス分布になり,$\beta_i = 2$ ならガウス分布,$\beta_i = \infty$ とすると連続一様分布になります.こうして,いろいろな分布を表すことができます.そこで,複数の形状パラメータ β_i の値を試して,対数周辺尤度が最も大きくなる値によって,式 (5.19) でモデル化した誤差変数 e_i の確率分布を推定します ($i=1,2$).

5.5.3 事前分布

この混合モデルに基づくアプローチの特徴は,未観測共通原因を個別にモデルに入れるのではなく,和としてモデルに入れる点です.そのおかげで,未観測共通原因の分布をそれぞれモデル化する必要もなく,そして,その数や係数も推定する必要もありません.その代わり,観測ごとの切片をパラメータとしてモデルに入れる必要があります.変数 x_1 と x_2 のそれぞれに切片はあるので,観測の数の 2 倍の切片パラメータが必要です.

切片パラメータの数が多いため,事前分布を使って背景知識を取り入れます.たとえば,観測ごとの切片 $\mu_i^{(m)}$ ($i=1,2; m=1,\ldots,n$) の事前分布を次のように設定します[87].まず,切片 $\mu_i^{(m)}$ ($i=1,2; m=1,\ldots,n$) はそ

れぞれ，独立な未観測共通原因 $f_\ell^{(m)}$ ($\ell = 1, \ldots, L$) の和であることを思い出しましょう．つまり，切片パラメータは

$$\mu_1^{(m)} = \sum_{\ell=1}^{L} \lambda_{1\ell} f_\ell^{(m)} \quad (m = 1, \ldots, n)$$

$$\mu_2^{(m)} = \sum_{\ell=1}^{L} \lambda_{2\ell} f_\ell^{(m)} \quad (m = 1, \ldots, n)$$

と書けます．未観測共通原因 $f_\ell^{(m)}$ ($\ell = 1, \ldots, L; m = 1, \ldots, n$) の分布は，異なる観測であっても同じです．したがって，切片 $\mu_1^{(m)}$ と $\mu_2^{(m)}$ の確率分布も，すべての観測で同じです．つまり，$p(\mu_1^{(1)}, \mu_2^{(1)}) = p(\mu_1^{(2)}, \mu_2^{(2)}) = \cdots = p(\mu_1^{(n)}, \mu_2^{(n)})$ です．

中心極限定理[5]によれば，独立な確率変数を足せば足すほど，その和はガウス分布に近づいていきます．一般に，未観測共通原因の数は非常に多いと考えられるので，観測ごとの切片の事前分布の候補として，ガウス分布や t 分布のような釣鐘型の分布が考えられます．ここでは，自由度 ν の 2 変量 t 分布を用います．切片 $\mu_1^{(m)}$ と $\mu_2^{(m)}$ ($m = 1, \ldots, n$) は，未観測共通原因 $f_\ell^{(m)}$ ($\ell = 1, \ldots, L; m = 1, \ldots, n$) を共通して含んでいるため，従属します．そのため，切片の事前分布のパラメータは，切片の標準偏差に加えて共分散もあります．経験ベイズの枠組みで，切片の標準偏差と共分散の値を複数試し，対数周辺尤度が最も高くなる値を用います．

5.5.4 数値例

最後に，人工的に生成したデータを用いて，どれだけ因果方向の推定が成功するかを見てみましょう[*1]．切片 $\mu_1^{(m)}$ と $\mu_2^{(m)}$ ($m = 1, \ldots, n$) 以外のパラメータは，係数 b_{12} と b_{21}，誤差変数 e_1 と e_2 の標準偏差 h_1 と h_2 があります．それらの事前分布は，次のように設定しました．

[*1] 数値例は，吉岡琢氏に作成していただきました．Python のコードが https://github.com/taku-y/bmlingam にて公開されています．

$$b_{12} \sim N(0, 0.75^2)$$
$$b_{21} \sim N(0, 0.75^2)$$
$$h_1 \sim U(0, 1)$$
$$h_2 \sim U(0, 1)$$

モンテカルロ積分を用いて対数周辺尤度を計算しました．サンプリング回数は 1 万回です．

観測ごとの切片 $\mu_i^{(m)}$ $(i=1,2; m=1,\ldots,n)$ は

$$\begin{bmatrix} \mu_1^{(m)} \\ \mu_2^{(m)} \end{bmatrix} = \begin{bmatrix} \frac{\tau_1}{\mathrm{std}(u_1)} & 0 \\ 0 & \frac{\tau_2}{\mathrm{std}(u_2)} \end{bmatrix} \begin{bmatrix} u_1 \\ u_2 \end{bmatrix}$$

と生成します．ここで，$\boldsymbol{u} = [u_1, u_2]^\top$ は，自由度 ν の t 分布 $\sim t_\nu(\boldsymbol{0}, \boldsymbol{\Sigma})$ に従います．t 分布のパラメータ $\boldsymbol{\Sigma}$ は

$$\boldsymbol{\Sigma} = \begin{bmatrix} 1 & \sigma_{12} \\ \sigma_{21} & 1 \end{bmatrix}$$

という正定値行列です．そして，τ_1 と τ_2 は切片 $\mu_1^{(m)}$ と $\mu_2^{(m)}$ の標準偏差です．変数 u_1 と u_2 に $\tau_1/\mathrm{std}(u_1)$ と $\tau_2/\mathrm{std}(u_2)$ を掛けることによって，$\mu_1^{(m)}$ と $\mu_1^{(m)}$ の標準偏差を τ_1 と τ_2 にします．また，σ_{12} は，切片 $\mu_1^{(m)}$ と $\mu_2^{(m)}$ の共分散の大きさと符号を決めます．$\mathrm{std}(u_1)$ と $\mathrm{std}(u_2)$ は，t 分布の性質から，$\sqrt{\frac{\nu}{\nu-2}}$ です．

対数周辺尤度を使って選択するハイパーパラメータは，誤差変数 e_1 と e_2 の分布の形状パラメータ β_1, β_2 と観測ごとの切片 $\mu_1^{(m)}$ と $\mu_2^{(m)}$ の事前分布のパラメータ τ_1, τ_2, σ_{21} です．総当たりで，$\beta_1, \beta_2 = 0.5, 1, 2.0, 6.0$, $\tau_1, \tau_2 = 0.4, 0.6, 0.8$, $\sigma_{12} = 0 \pm 0.3, \pm 0.5, \pm 0.7, \pm 0.9$ の組み合わせを試しました．自由度 ν もハイパーパラメータとして探索することはできますが，ここでは 8 に固定しました．

次のような未観測共通原因がある LiNGAM モデルを用いて，観測数 100 のデータセットを生成しました．

$$x_1 = \mu_1 + \sum_{\ell=1}^{L} \frac{c}{\sqrt{L+1}} f_\ell + e_1$$

$$x_2 = \mu_2 + \sum_{\ell=1}^{L} \frac{c}{\sqrt{L+1}} f_\ell + b_{21}x_1 + e_2$$

誤差変数 e_1 と e_2 の分布はラプラス分布または一様分布としました．平均は 0 で，標準偏差は $\sqrt{3}$ でした．係数 b_{21} の値は，$U(-1.5, 1.5)$ から生成しました．c は 0.5 または 1.0 です．c の値が大きい方が，未観測共通原因から観測変数への因果効果が大きくなります．切片 μ_1, μ_2 の値は，平均 0，分散 1 のガウス分布から生成しました．未観測共通原因の数 L は 10 にしました．未観測共通原因の分布は，18 種類の非ガウス連続分布[2]からランダムに選びました．誤差変数の分布の種類と未観測共通原因から観測変数への因果効果の大きさを表す c の値の組み合わせごとに 100 個ずつ，合計 800 個のデータセットをつくりました．

続いて，各データセットごとに，混合モデルに基づくアプローチを用いて，140 ページのモデル A″ とモデル B″ の対数周辺尤度を求めました．そして，対数周辺尤度の大きい方のモデルの因果方向が，データ生成に用いたモデルの因果方向と一致する回数を数えました．

モデル A″ とモデル B″ を比べて，対数周辺尤度が大きいモデルの方が正しいモデルに近いと考えます．とはいうものの，対数周辺尤度の差が非常に小さければ，対数周辺尤度が大きい方のモデルの方が正しいモデルに近いと考えるよりも，どちらのモデルも大差ないと考える方が自然でしょう．どのくらい対数周辺尤度の差があれば，十分大きな差があると考えるかについて，**ベイズ因子 (Bayes factor)** とよばれる指標に基づく目安が提案されています[49]．ベイズ因子は，2 つのモデルを比較するための指標で，比較する 2 つのモデルの周辺尤度の比です．これを，記号 K で表します．ここでは，周辺尤度が大きい方のモデルの周辺尤度を分子に，小さい方のモデルの周辺尤度を分母にとり，ベイズ因子 K を計算します．

ベイズ因子 K の値が大きいほど，分子の周辺尤度を与えるモデルの方が分母の周辺尤度を与えるモデルよりもよいと考えます．このベイズ因子 K を対数変換して 2 倍した値 $2 \log K$，つまり，2 つのモデルの対数周辺尤度の差を 2 倍した値が 10 より大きければ，分子のモデルの方が分母のモデルより

「非常によい」と考えます．そして，10以下で6より大きい場合は「かなりよい」，6以下で2より大きい場合は「よい」，2以下で0より大きい場合は「かろうじてよい」と考えます[49]．

ベイズ因子 K と因果方向の推測が成功する割合の関係を，表 5.1 にまとめました．未観測共通原因の因果効果の大きさを決める c の値が 0.5 でも 1.0 でも，ベイズ因子の値が大きいほど，成功割合は高くなりました．また，因果方向の推測に成功した場合に，正しい係数の値を横軸に，推定された係数

表 5.1 ベイズ因子 K と成功割合.

	成功割合	該当数
未観測共通原因からの因果効果の大きさ $c = 0.5$		
$0 < 2\log K \leq 2$	0.51	57
$2 < 2\log K \leq 6$	0.67	96
$6 < 2\log K \leq 10$	0.82	74
$10 < 2\log K$	0.97	173
未観測共通原因からの因果効果の大きさ $c = 1.0$		
$0 < 2\log K \leq 2$	0.58	67
$2 < 2\log K \leq 6$	0.57	131
$6 < 2\log K \leq 10$	0.66	92
$10 < 2\log K$	0.94	109

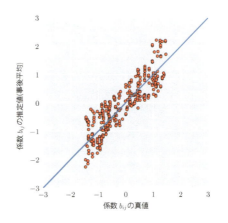

図 5.5 因果方向の推測に成功した場合.

b_{21} または b_{12} の事後平均を縦軸にして，散布図を描いたのが図 5.5 です．

5.6　多変数の場合

このような 2 変数の因果探索問題を解くことは，3 変数以上の因果グラフを推測する場合にも役立ちます．多変数の因果グラフを推測する場合の大きな問題は，因果グラフの候補の数が膨大になることです．しかし，未観測共通原因の存在を許して 2 変数の因果関係を推測できるなら，変数を組ごとに分析して，因果グラフの候補の数を減らすことができます．まず，すべての組について 2 変数間の因果方向，つまり，有向辺の向きを推測します．その推測結果をまとめて，全体の因果グラフを描きます．そして，冗長な有向辺を削除します．図 5.6 に図解しました．

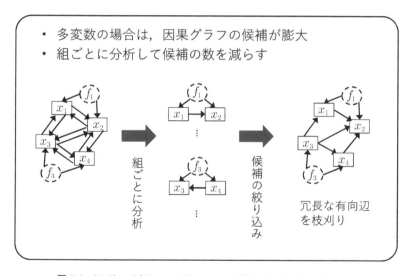

図 5.6　組ごとに分析して，因果グラフの候補を減らすことができます．

5.7 本章のまとめ

未観測共通原因がある場合の因果探索について説明しました．まだ，それほど多くの研究があるわけではありませんが，この話題が統計的因果探索の本丸です．従来は，未観測共通原因が存在する観測変数間の因果グラフを推測することはできませんでした．より正確には，推測することを目指していなかったといえるかもしれません．しかし，最近，未観測共通原因が存在するような観測変数間であっても，因果グラフの構造を推測できる場合があることがわかってきました．それが，線形性・非巡回性・非ガウス性を仮定するLiNGAMアプローチです[26,35,87]．今後，統計的因果探索の研究をするなら，これらの研究がスタート地点の1つになるでしょう．線形性や非巡回性の仮定を緩めたり，3変数以上へ拡張したり，推測精度を高めたり，計算時間を短縮したり，実データへ適用したりする研究が求められています．

また，統計的因果探索以外の機械学習との接点としては，回帰分析におけ

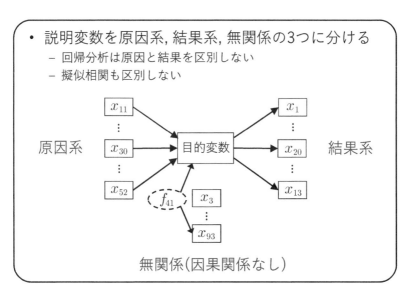

図 5.7 統計的因果探索と回帰分析における特徴選択問題との接点．

る特徴選択の問題が挙げられるかもしれません．因果探索法と組み合わせれば，図 5.7 のように，重要な特徴の候補である説明変数を，目的変数の原因となる変数，結果となる変数，因果関係にない変数の 3 種類に分けることができます．そして，たとえば，目的変数の原因であり，かつ，その値の予測に役立つような特徴を選択すれば，予測モデルの解釈がしやすくなるでしょう．

Chapter 6

関連の話題

ここまで，統計的因果探索の基本的なモデルと推定法について説明してきました．本章では，関連する話題について触れます．特に，セミパラメトリックアプローチに関する話題を紹介します．

6.1 モデルの仮定を緩める

線形性，非巡回性，非ガウス性という LiNGAM アプローチの仮定をどこまで緩められるかが盛んに研究されています[85,86,110]．本節では，その代表的な拡張モデルを紹介します．

現状は，未観測共通原因はないとする場合の研究が大多数です．しかし，それらの研究を基に，未観測共通原因がある場合の研究へ徐々に移行していくでしょう．結局，未観測共通原因を何とかしなければ，擬似相関の問題という因果探索の根本的な課題が残ったままだからです．

6.1.1 巡回モデル

まず，LiNGAM モデルの非巡回性の仮定を緩めることを考えます[54]．次のような巡回モデル (**cyclic model**) を例に説明します．

$$x_1 = b_{12}x_2 + e_1$$
$$x_2 = b_{21}x_1 + e_2$$

係数 b_{12} も b_{21} も 0 ではありません．また，誤差変数 e_1 と e_2 は独立であり，

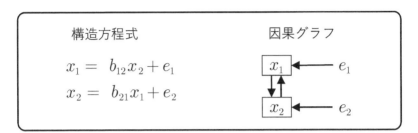

図 6.1 2 変数の巡回モデル：未観測共通原因のない場合.

それぞれ非ガウス連続分布に従います．誤差変数間の独立性が，未観測共通原因がないことを意味している点は，巡回の場合も同じです．因果グラフは，図 6.1 にあります．

行列形式で書くと，このモデルは次のように書けます．

$$\underbrace{\begin{bmatrix} x_1 \\ x_2 \end{bmatrix}}_{\boldsymbol{x}} = \underbrace{\begin{bmatrix} 0 & b_{12} \\ b_{21} & 0 \end{bmatrix}}_{\mathbf{B}} \underbrace{\begin{bmatrix} x_1 \\ x_2 \end{bmatrix}}_{\boldsymbol{x}} + \underbrace{\begin{bmatrix} e_1 \\ e_2 \end{bmatrix}}_{\boldsymbol{e}} \tag{6.1}$$

非巡回の場合と異なり，観測変数 x_1 と x_2 をどう並び替えても，係数行列 $\mathbf{B}$ は厳密な下三角行列にはなりません．

さて，巡回の場合は，係数行列 $\mathbf{B}$ の固有値の絶対値が 1 未満であるという仮定を追加するのが標準的です[54]．これは，変数 x_1 と x_2 が，因果的に影響しあった結果，式 (6.1) のような平衡状態に達するための条件です[22]．係数行列 $\mathbf{B}$ の固有値 λ は

$$\det(\lambda \mathbf{I} - \mathbf{B}) = 0$$

の解です．今の例の場合は

$$\det\left(\begin{bmatrix} \lambda & -b_{12} \\ -b_{21} & \lambda \end{bmatrix} \right) = 0$$

つまり，

$$\lambda^2 - b_{12}b_{21} = 0$$

の解です．そのため，固有値 λ の絶対値が 1 未満であるためには，係数 b_{12}

と b_{21} は

$$|b_{12}b_{21}| < 1 \tag{6.2}$$

を満たす必要があります.

この式 (6.2) が成り立てば，式 (6.1) の巡回モデルの係数行列 $\mathbf{B}$ は識別可能です [54]. 以下では，その仕組みを説明します. 式 (6.1) を観測変数ベクトル $\boldsymbol{x}$ について解くと，

$$\underbrace{\begin{bmatrix} x_1 \\ x_2 \end{bmatrix}}_{\boldsymbol{x}} = \underbrace{\left(\begin{bmatrix} 1 & 0 \\ 0 & 1 \end{bmatrix} - \begin{bmatrix} 0 & b_{12} \\ b_{21} & 0 \end{bmatrix} \right)^{-1}}_{(\mathbf{I}-\mathbf{B})^{-1}} \underbrace{\begin{bmatrix} e_1 \\ e_2 \end{bmatrix}}_{\boldsymbol{e}}$$

$$= \underbrace{\begin{bmatrix} 1 & -b_{12} \\ -b_{21} & 1 \end{bmatrix}^{-1}}_{\mathbf{W}^{-1}} \underbrace{\begin{bmatrix} e_1 \\ e_2 \end{bmatrix}}_{\boldsymbol{e}}$$

と，4.1 節の独立成分分析の形式で書けます. この場合，正しい復元行列 $\mathbf{W}$ ($= \mathbf{I} - \mathbf{B}$) は

$$\mathbf{W} = \begin{bmatrix} 1 & -b_{12} \\ -b_{21} & 1 \end{bmatrix} \tag{6.3}$$

です.

したがって，この巡回モデルから生成されたデータ行列 $\mathbf{X}$ に，独立成分分析を適用すると，たとえば，式 (6.3) の正しい復元行列 $\mathbf{W}$ と同じ行の順序をもつ行列

$$\mathbf{W}_{\mathrm{ICA}} = \begin{bmatrix} d_{11} & -d_{11}b_{12} \\ -d_{22}b_{21} & d_{22} \end{bmatrix}$$

が得られることがあります. 4.1 節で触れたように，独立成分分析では，行の尺度は決まりません. そのため，この行列 $\mathbf{W}_{\mathrm{ICA}}$ は，式 (6.3) の復元行列 $\mathbf{W}$ の左から対角行列 $\mathbf{D}$

$$\mathbf{D} = \begin{bmatrix} d_{11} & 0 \\ 0 & d_{22} \end{bmatrix}$$

を掛けた行列になっています．非巡回の場合と同様に，この行列 $\mathbf{W}_{\text{ICA}}$ の対角成分で各行を割ってみましょう．つまり，

$$\mathbf{D}_1 = \left[\begin{array}{cc} d_{11} & 0 \\ 0 & d_{22} \end{array} \right]$$

の逆行列を行列 $\mathbf{W}_{\text{ICA}}$ の左から掛けます．すると，

$$\mathbf{D}_1^{-1} \mathbf{W}_{\text{ICA}} = \left[\begin{array}{cc} d_{11} & 0 \\ 0 & d_{22} \end{array} \right]^{-1} \left[\begin{array}{cc} d_{11} & -d_{11} b_{12} \\ -d_{22} b_{21} & d_{22} \end{array} \right]$$

$$= \left[\begin{array}{cc} 1 & -b_{12} \\ -b_{21} & 1 \end{array} \right]$$

と，式 (6.3)（前ページ）の正しい復元行列 $\mathbf{W}$ が得られます．そして，正しい係数行列 $\mathbf{B}$ が

$$\mathbf{B} = \mathbf{I} - \mathbf{W}$$
$$= \left[\begin{array}{cc} 0 & b_{12} \\ b_{21} & 0 \end{array} \right]$$

と求まります．当たり前ですが，式 (6.2)（前ページ）が成り立つと仮定したので，この係数行列 $\mathbf{B}$ の第 (1,2) 成分と第 (2,1) 成分の積の絶対値 $|b_{12} b_{21}|$ は 1 より小さいです．

一方，式 (6.3) の正しい復元行列 $\mathbf{W}$ とは 1 行目と 2 行目が入れ替わった行列

$$\mathbf{W}_{\text{ICA}} = \left[\begin{array}{cc} -d_{22} b_{21} & d_{22} \\ d_{11} & -d_{11} b_{12} \end{array} \right]$$

が得られることもあります．この場合に，対角成分で各行を割ってみましょう．つまり，

$$\mathbf{D}_2 = \left[\begin{array}{cc} -d_{22} b_{21} & 0 \\ 0 & -d_{11} b_{12} \end{array} \right]$$

の逆行列を行列 $\mathbf{W}_{\text{ICA}}$ の左から掛けます．すると，

$$\mathbf{D}_2^{-1}\mathbf{W}_{\mathrm{ICA}} = \left[\begin{array}{cc} -\frac{1}{d_{22}b_{21}} & 0 \\ 0 & -\frac{1}{d_{11}b_{12}} \end{array}\right] \left[\begin{array}{cc} -d_{22}b_{21} & d_{22} \\ d_{11} & -d_{11}b_{12} \end{array}\right]$$
$$= \left[\begin{array}{cc} 1 & -\frac{1}{b_{21}} \\ -\frac{1}{b_{12}} & 1 \end{array}\right]$$

が得られます.しかし,これは,式 (6.3) の正しい復元行列 $\mathbf{W}$ ではありません.もし,この行列を正しい復元行列 $\mathbf{W}$ とみなして,係数行列 $\mathbf{B}$ を計算すると

$$\mathbf{B} = \mathbf{I} - \mathbf{D}_2^{-1}\mathbf{W}_{\mathrm{ICA}}$$
$$= \left[\begin{array}{cc} 0 & \frac{1}{b_{21}} \\ \frac{1}{b_{12}} & 0 \end{array}\right]$$

となります.この係数行列 $\mathbf{B}$ の第 $(2,1)$ 成分と第 $(1,2)$ 成分の積の絶対値は,

$$\left|\frac{1}{b_{21}b_{12}}\right|$$

ですが,式 (6.2) より,$|b_{21}b_{12}| < 1$ なので,1 より大きくなってしまいます.これは,式 (6.2) の平衡状態に達するための条件に反します.このようにして,正しくない行の順序の場合は,それが誤っていることに気づくことができます.なお,3 変数以上の場合は,さらに,異なる閉路が共通の変数をもたないという条件を追加する必要があります.

6.1.2 時系列モデル

次に,LiNGAM モデルの**時系列モデル (time series model)** [44] への拡張を考えましょう.変数 $x_1, x_2, \ldots, x_p$ について,計 T 時点でデータが収集されているとします.時点 t の観測変数を $x_1(t), x_2(t), \ldots, x_p(t)$ と表しましょう ($t = 1, \ldots, T$).そして,時点 t の変数をベクトルにまとめて,

$$\boldsymbol{x}(t) = \left[\begin{array}{ccc} x_1(t) & \ldots & x_p(t) \end{array}\right]^\top$$

と表します.そして,観測変数ベクトル $\boldsymbol{x}(t)$ について,次の構造方程式モデルを考えます.

$$x(t) = \sum_{\tau=1}^{h} \mathbf{M}_\tau x(t-\tau) + n(t) \tag{6.4}$$

このモデルでは，観測変数ベクトル $x(t)$ の値は，τ ($\tau = 1, \ldots, h$) 時点遅れの $x(t-\tau)$ の値と同時点のノイズベクトル $n(t)$ の値で決まるとします．行列 $\mathbf{M}_\tau$ ($\tau = 1, \ldots, h$) は時間遅れの直接的な因果効果の大きさを表す係数行列です．

因果効果が伝わるのにかかる時間が測定間隔より長ければ，時間遅れの因果効果だけを考えていれば十分です．しかし，因果効果が伝わるのにかかる時間が測定間隔より短かければ，時間遅れの因果効果だけを考えていたのでは因果関係を正しく捉えることができません．測定と測定の間に伝わる因果効果を考慮する必要があるからです．

そこで，次のようなモデルが提案されています [100]．

$$x(t) = \sum_{\tau=0}^{h} \mathbf{B}_\tau x(t-\tau) + e(t) \tag{6.5}$$

式 (6.4) のモデルと異なる点は，時間遅れ τ が 0 からはじまっていることです．時間遅れがないとき，つまり $\tau = 0$ のときには，観測変数ベクトル $x(t)$ が同時点の観測変数ベクトル $x(t)$ の値の決定に寄与する可能性があります．行列 $\mathbf{B}_0$ が同時点の直接的な因果効果の大きさを表しています．行列 $\mathbf{B}_\tau$ ($\tau = 1, \ldots, h$) は時間遅れの直接的な因果効果の大きさを表しています．因果グラフは，たとえば図 6.2 のようになります．

式 (6.5) のモデルの係数行列 $\mathbf{B}_0$ と $\mathbf{B}_\tau$ ($\tau = 1, \ldots, h$) が識別可能であるための十分条件は，行列 $\mathbf{B}_0$ が表す同時点の因果関係が非巡回であり，誤差変数 $e_i(t)$ ($i = 1, \ldots, p; t = 1, \ldots, T$) が非ガウスかつ独立であることです [44]．したがって，変数番号または時点が異なれば，誤差変数は独立です．この独立性は，同時点の観測変数間にも異なる時点の観測変数間にも未観測共通原因がないことを意味しています．

では，どのように識別するかを説明します．そのために，式 (6.5) を観測変数ベクトル $x(t)$ について解きます．まず，右辺の観測変数ベクトル $x(t)$ を左辺に移項します．

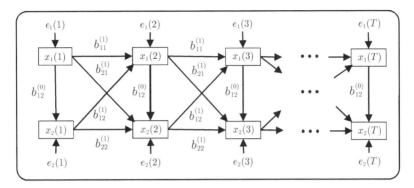

図 6.2 時系列データの LiNGAM モデル：最大の時間遅れが $h=1$ の場合の例.

$$(\mathbf{I} - \mathbf{B}_0)\bm{x}(t) = \sum_{\tau=1}^{h} \mathbf{B}_\tau \bm{x}(t-\tau) + \bm{e}(t)$$

先と異なり，今は右辺の τ が1からはじまっていることに注意してください.

次に，行列 $\mathbf{I} - \mathbf{B}_0$ の逆行列を左から掛けると

$$\bm{x}(t) = \sum_{\tau=1}^{h} \underbrace{(\mathbf{I} - \mathbf{B}_0)^{-1}\mathbf{B}_\tau}_{\mathbf{M}_\tau} \bm{x}(t-\tau) + \underbrace{(\mathbf{I} - \mathbf{B}_0)^{-1}\bm{e}(t)}_{\bm{n}(t)} \quad (6.6)$$

$$= \sum_{\tau=1}^{h} \mathbf{M}_\tau \bm{x}(t-\tau) + \bm{n}(t)$$

と，式 (6.4) の構造方程式モデルの形で書けます．これは，**自己回帰モデル (autoregressive model)** と見なせるので，係数行列 $\mathbf{M}_\tau$ ($\tau = 1, \ldots, h$) は識別可能です．係数行列 $\mathbf{M}_\tau$ ($\tau = 1, \ldots, h$) が求まれば，ノイズベクトル $\bm{n}(t)$ を次のように計算できます．

$$\bm{n}(t) = \bm{x}(t) - \sum_{\tau=1}^{h} \mathbf{M}_\tau \bm{x}(t-\tau) \quad (6.7)$$

さて，式 (6.6) の

$$\bm{n}(t) = (\mathbf{I} - \mathbf{B}_0)^{-1}\bm{e}(t)$$

という関係から

$$\boldsymbol{n}(t) = \mathbf{B}_0 \boldsymbol{n}(t) + \boldsymbol{e}(t)$$

と書けます．これは，ノイズベクトル $\boldsymbol{n}(t)$ が，係数行列 $\mathbf{B}_0$ をもつ LiNGAM モデルに従うことを示しています．したがって，LiNGAM モデルの推定法を，式 (6.7)（前ページ）で求めたノイズベクトル $\boldsymbol{n}(t)$ に適用することによって，係数行列 $\mathbf{B}_0$ を推定することができます．

次に，式 (6.6)（前ページ）の $\mathbf{M}_\tau = (\mathbf{I} - \mathbf{B}_0)^{-1}\mathbf{B}_\tau$ という関係から，係数行列 $\mathbf{B}_\tau$ $(\tau = 1,\ldots,h)$ を次のように推定できます．

$$\mathbf{B}_\tau = (\mathbf{I} - \mathbf{B}_0)\mathbf{M}_\tau$$

つまり，係数行列 $\mathbf{B}_0$ と $\mathbf{M}_\tau$ $(\tau = 1,\ldots,h)$ から $\mathbf{B}_\tau$ $(\tau = 1,\ldots,h)$ を計算できます．

今は，係数行列 $\mathbf{B}_0$ が表す同時点の $x_1(t), x_2(t), \ldots, x_p(t)$ の因果関係が非巡回であると仮定しました．この仮定を緩めることもできます [44]．その場合は，LiNGAM モデル [88] の代わりに，6.1.1 項で紹介した巡回モデルを用います．また，自己回帰モデルの代わりに，自己回帰移動平均モデルやベクトル誤差修正モデルなどを用いることもできます [21,50,64]．ほかには，係数行列の値が時間とともに変化するような非定常な場合への拡張モデル [36] もあります．

なお，観測変数ベクトル $\boldsymbol{x}(t)$ は，同時点の誤差変数ベクトル $\boldsymbol{e}(t)$ と時間遅れの誤差変数ベクトル $\boldsymbol{e}(t-\tau)$ $(\tau = 1,\ldots,h)$ の線形混合です．そのため，たたみ込み信号を分解する信号処理の技術 [9] を推定に使うこともできます [44]．

6.1.3 非線形モデル

LiNGAM モデルは，非線形の場合へも拡張されています [33,105,109]．その中で，本書の執筆時点では，未観測共通原因がなく非巡回な場合で，最も仮定が緩い非線形モデルは，次のポスト非線形因果モデル (**post-nonlinear causal model, PNL**) です [109]．

$$x_i = f_{i,2}^{-1}(f_{i,1}(\mathrm{pa}(x_i)) + e_i) \quad (i = 1,\ldots,p) \tag{6.8}$$

このモデルが表すデータ生成過程では，まず，関数 $f_{i,2}^{-1}$ による変換の前に，

観測変数 x_i の親にあたる変数 $\mathrm{pa}(x_i)$ の値が関数 $f_{i,1}$ によって変換され，それに誤差変数 e_i の値が加わります．線形の場合は，関数 $f_{i,2}^{-1}$ の入力である $f_{i,1}(\mathrm{pa}(x_i)) + e_i$ は $\sum_{x_j \in \mathrm{pa}(x_i)} b_{ij}x_j + e_i$ になります．その値が，関数 $f_{i,2}^{-1}$ によって変換されて，観測変数 x_i の値になります．関数 $f_{i,2}^{-1}$ は，たとえば，その入力 $f_{i,1}(\mathrm{pa}(x_i)) + e_i$ がどのように測定されて観測されるかを表しています．もし，関数 $f_{i,2}^{-1}$ が恒等関数なら，入力がそのまま測定されて観測されます．また，シグモイド関数なら，入力の値が一定の大きさを越えれば，出力はそれ以上大きくなりません．なお，名前に「ポスト」がついているのは，このモデルがポスト非線形独立成分分析モデル [101] とよばれるモデルの特殊な場合だからでしょう．

また，誤差変数 e_i $(i = 1, \ldots, p)$ は独立です．未観測共通原因がないことを意味します．関数 $f_{i,2}$ が恒等関数の場合は，特に**加法誤差モデル (additive noise model, ANM)** とよばれます [33]．

式 (6.8) のポスト非線形因果モデルは，いくつかの関数と誤差変数の分布の組み合わせを除いて識別可能です [77, 109]．なお，関数形が線形で，誤差変数の分布がガウス分布の場合は，第 3 章で説明したように識別可能ではありません．しかし，誤差変数の分布がガウス分布であっても，関数形が非線形であれば，識別可能です．6.1.1 項と 6.1.2 項のような巡回モデルや時系列モデルの非線形版の研究 [65, 76] もあります．

6.1.4 離散変数モデル

本書では，主に連続変数に関するモデルと方法を説明してきました．同様の考え方が離散変数の場合にも使えるかどうかに興味がある読者もいるでしょう．ブール関数のような関数を仮定する離散変数モデルの研究 [46, 75] はあります．たとえば，未観測共通原因がなく，非巡回の場合で，関数が排他的論理和であれば識別可能です．

ただ，連続変数のモデルと親和性の高い離散変数モデルは，ロジットモデルやプロビットモデルなどの**一般化線形モデル (generalized linear model)** でしょう．離散変数と連続変数が混在する状況を考えるときに，より自然な拡張になると思われます．現状，未観測共通原因がなく，非巡回な場合に，過分散のポアソンモデルであれば，識別可能であるという結果があります [69]．

また，順序のある離散変数であれば，いったん連続変数のモデルでデータが生成されたあと，それが離散化されて観測されるというデータ生成過程をもつ構造方程式モデル[55]と本書で紹介した因果探索法を組み合わせることも考えられるでしょう．

6.2 モデル評価

ほかの機械学習の方法でもそうですが，因果探索法でも，いろいろな仮定をおきます．したがって，仮定の妥当性を評価する必要があります．そのための一般的な手順としては，次のようにします．まずは，仮定が正しい場合にデータにおいて成り立つはずの特性を理論的に導きます．そして，その特性が，実際に収集されたデータにおけるそれと矛盾しないかを調べます．矛盾すれば，それは仮定が正しくないことを示唆します．しかし，たとえ矛盾しなくても，それだけでは，仮定が正しいことを主張するには十分ではないことに注意してください．今おいた仮定以外にも，データと矛盾しない仮定があるかもしれないからです．そのため，仮に仮定が正しかったとしても，それが正しいとデータによって肯定することはできません．これは，因果探索法に限らず，どんなデータ解析法においても同じです．どの仮定を採用するかは，事前知識や分析結果から，分析者が判断する必要があります．

では，LiNGAMアプローチの仮定の崩れを検出するための方法をいくつか紹介します．たとえば，誤差変数の非ガウス性の仮定は，誤差変数の推定値にガウス性の検定をすることで評価できます[64]．また，誤差変数の独立性も，誤差変数の推定値を用いて独立性の検定をすることで評価できます[17,102]．これらは，モデル仮定のうち，線形性など，ほかの仮定は正しいとした場合に，非ガウス性や独立性という個別の仮定を評価しています．一方，モデル仮定の全体的な適合度を測ることもできます．たとえば，モデル仮定から導かれる観測変数の4次積率構造と実際のデータから計算される4次積率構造を比較して，その差によって，モデル仮定のデータへの適合度を評価する方法があります[90]．

少し話はそれるかもしれませんが，因果効果の予測が目的の場合，因果グラフの推測にいくらか誤りが含まれていても，因果効果の予測がうまく行けば，それで十分だという考え方もあるでしょう．なお，因果効果の予測精

度を評価するには，実際に介入してみたデータが必要です．そして，実際に介入した場合のデータを手に入れるのは容易でないことが多いです．この点は，因果推論以外の機械学習技術が交差確認法などによって，値や分類の予測精度を評価できることと対照的です．

6.3 統計的信頼性評価

一般に，推定結果の統計的信頼性を評価することは必須です．しかし，筆者の知る限り，因果探索法に関する統計的漸近理論の研究はありません．そのため，たとえば，LiNGAM モデルにおいて，直接的な因果効果の大きさを決める係数の推定量の漸近分散は，まだ明らかになっていません．そのため，現状ではブートストラップ法[16]を用いて，推測された因果グラフや係数の値の統計的信頼性を評価することが多いです[44, 51, 103, 107]．

統計的漸近理論の構築が進まない理由としては，因果グラフ構造の推測結果が変わると，係数の推定値が大きく変わってしまうことが挙げられるかもしれません．たとえば，一方向の因果関係にあるような2つの観測変数について，原因と推測された変数から結果と推測された変数への係数の推定値は何らかの非ゼロの値です．そして，結果と推測された変数から原因と推測された変数への係数の推定値は必ず0になります．しかし，推測される因果方向が逆になれば，今度は前者の係数が必ず0と推定され，後者の係数は，何らかの非ゼロの値と推定されます．推測される因果グラフの構造によって，係数の値が大きく変わってしまうわけです．

6.4 ソフトウェア

本書で紹介した因果探索法を実行するためのプログラムやソフトウェアを配布しているサイトの URL を以下に示します．

- 因果的マルコフ条件に基づく推定法（PC, FCI, CCD, GES など）
  - TETRAD[83]：http://www.phil.cmu.edu/projects/tetrad/
  - R：https://cran.r-project.org/web/packages/pcalg/

- 独立成分分析による LiNGAM の推定

  ・MATLAB:http://www.cs.helsinki.fi/group/neuroinf/lingam/
  ・R:https://sites.google.com/site/dorisentner/publications/VARLiNGAM
  ・R：https://cran.r-project.org/web/packages/pcalg/
  ・TETRAD[83]: http://www.phil.cmu.edu/projects/tetrad/

- 回帰分析と独立性評価による LiNGAM の推定

  ・MATLAB:https://sites.google.com/site/sshimizu06/Dlingamcode
  ・MATLAB:https://www.cs.helsinki.fi/u/ahyvarin/code/pwcausal/

- ベイズ的アプローチ

  ・R：http://www.cs.helsinki.fi/group/neuroinf/lingam/bayeslingam/

- 時系列データの LiNGAM

  ・R:https://sites.google.com/site/dorisentner/publications/VARLiNGAM
  ・MATLAB[20]:http://www.science.unitn.it/biophysicslab/research/sigpro/eMVAR.html

- 未観測共通原因のある LiNGAM

  ・独立成分分析によるアプローチ

    ∗MATLAB(Henao の方法[26])：http://cogsys.imm.dtu.dk/slim/

  ・混合モデルに基づくアプローチ

    ∗Python：https://sites.google.com/site/sshimizu06/mixedlingamcode

- 非線形モデル

  ・加法誤差モデル

    *MATLAB[33]：http://webdav.tuebingen.mpg.de/causality/

・ポスト非線形因果モデル

    *MATLAB[109]：http://webdav.tuebingen.mpg.de/causality/

6.5 おわりに

　現代では，計測技術の発達やインターネットの普及により，膨大なデータが収集され，蓄積され，また公開されつつあります．ビッグデータという言葉は一般に浸透しており，膨大なデータから有用な知識を得るためのデータ解析法への関心と期待が高まっています．

　たとえば，多数の遺伝子と病気の相関を調べる研究が盛んに行われています．実際，相関を調べることは役に立ちます．生活習慣や遺伝情報を用いて，がんにどのくらいなりやすいかを高精度に予測することが可能な場合もあるでしょう．しかし，医学研究者が本当に知りたいのは，相関関係ではなく因果関係です．因果関係を知ることで，疾患の起こる仕組みを知り，そして疾患を起こりにくくする施策を策定することができます．医学以外の応用領域でも同様です．

　とはいうものの，因果関係の解明を目的とした場合，いわゆるビッグデータは直接的には役立たないことが多いです．なぜなら，それらのデータはランダム化 (**randomization**) の結果として得られたものではないことがほとんどだからです．ランダム化の結果として得られたデータでなければ，「因果関係はないが相関関係は現れてしまう」という擬似相関の問題が起こりえます．既存のデータ解析法は，擬似相関の問題に対して，十分に対処できていません．

　しかし，適度な仮定の下，ランダム化を伴わないデータを用いて，因果仮説の比較や探索が可能になれば，背景理論の精緻化や調査や実験の設計に生かすことができます．たとえば，治療法の効率的な開発につながるかもしれません．そのため，ランダム化を伴わないデータから因果関係を推測するためのデータ解析技術に対する期待が高まっています [11, 19, 27, 57, 74, 93]．

　一世を風靡したグレンジャー因果 [25] は，未観測共通原因が存在すれば，

因果の定義として破綻することが知られています[71]．現在，未観測共通原因が存在しても破綻しないような因果の定義やそれを定式化するための数学的道具の整備が進み，未観測共通原因による擬似相関を見破るデータ解析法を研究開発するための数理的基盤が整いつつあります[45,71]．

本書で解説した LiNGAM 法は，線形性・非巡回性・非ガウス性の仮定が成り立てば，未観測共通原因があっても，因果関係を推測可能です．今後，未観測共通原因がない場合にすでに行われている非線形性や巡回性のある場合と同様の拡張は可能でしょう．また，関数形の仮定をどこまで緩められるかや離散変数が混在している場合はどうなるかといったことは依然として未知であり，多くの興味深い研究課題があります．

最後に，セミパラメトリックアプローチに基づく因果探索に関する方法論と実質科学への応用の論文へのリンク集の URL を記します．

https://sites.google.com/site/sshimizu06/home/lingampapers

図 6.3　統計的因果探索を身につけた読者．

Bibliography

参考文献

[1] S.-I. Amari. Natural gradient works efficiently in learning. *Neural Computation*, 10, pp. 251–276, 1998.

[2] F. R. Bach and M. I. Jordan. Kernel independent component analysis. *Journal of Machine Learning Research*, 3, pp. 1–48, 2002.

[3] E. Bareinboim and J. Pearl. Causal inference and the data-fusion problem. In *Proc. National Academy of Sciences*, 113(27), pp. 7345–7352, 2016.

[4] P. M. Bentler. Some contributions to efficient statistics in structural models: specification and estimation of moment structures. *Psychometrika*, 48, pp. 493–517, 1983.

[5] P. Billingsley. *Probability and measure (2nd ed.)*. Wiley, 1986.

[6] K. A. Bollen. *Structural equations with latent variables*. Wiley, 1989.

[7] R. E. Burkard and E. Çela. Linear assignment problems and extensions. In *Handbook of combinatorial optimization: supplement volume A*, pp. 75–149, Kluwer Academic Publishers, 1999.

[8] D. M. Chickering. Optimal structure identification with greedy search. *Journal of Machine Learning Research*, 3, pp. 507–554, 2003.

[9] A. Cichocki and S.-I. Amari. *Adaptive blind signal and image processing: Learning algorithms and applications*. Wiley, 2002.

[10] P. Comon. Independent component analysis, a new concept?. *Signal Processing*, 36, pp. 287–314, 1994.

[11] G. F. Cooper, I. Bahar, M. J. Becich, P. V. Benos, J. Berg, J. U. Espino, C. Glymour, R. C. Jacobson, M. Kienholz, A. V. Lee, X. Lu, R. Scheines and the Center for Causal Discovery team. The

center for causal discovery of biomedical knowledge from big data. *Journal of the American Medical Informatics Association*, 22(6), pp. 1132–1136, 2015.

[12] G. Darmois. Analyse générale des liaisons stochastiques: Etude particulière de lánalyse. *Review of the International Statistical Institute*, 21, pp. 2–8, 1953.

[13] E. Demidenko. *Mixed Models: Theory and applications*. Wiley, 2004.

[14] A. P. Dempster, N. M. Laird and D. B. Rubin. Maximum likelihood from incomplete data via the EM algorithm. *Journal of the royal statistical society. Series B (methodological)*, pp. 1–38, 1977.

[15] Y. Dodge and V. Rousson. On asymmetric properties of the correlation coefficient in the regression setting. *The American Statistician*, 55(1), pp. 51–54, 2001.

[16] B. Efron and R. J. Tibshirani. *An Introduction to the Bootstrap*. Chapman & Hall/CRC, 1994.

[17] D. Entner and P. O. Hoyer. Discovering unconfounded causal relationships using linear non-gaussian models. In *Proc. New Frontiers in Artificial Intelligence*, pp. 181–195, 2011.

[18] J. Eriksson and V. Koivunen. Identifiability, separability, and uniqueness of linear ICA models. *IEEE Signal Processing Letters*, 11, pp. 601–604, 2004.

[19] A. von Eye and R. P. DeShon. Directional dependence in developmental research. *International Journal of Behavioral Development*, 36(4), pp. 303–312, 2012.

[20] L. Faes, S. Erla, A. Porta and G. Nollo. A framework for assessing frequency domain causality in physiological time series with instantaneous effects. *Philosophical Transactions of the Royal Society A*, 371, 20110618, 2013.

[21] E. Ferkingstad, A. Løland and M. Wilhelmsen. Causal modeling

and inference for electricity markets. *Energy Economics*, 33(3), pp. 404–412, 2011.

[22] F. M. Fisher. A correspondence principle for simultaneous equation models. *Econometrica*, 38(1), pp. 73–92, 1970.

[23] A. Gelman, J. B. Carlin, H. S. Stern, D. B. Dunson, A. Vehtari, and D. B. Rubin. *Bayesian data analysis (3rd ed.)*, Chapman & Hall/CRC, 2013.

[24] C. Glymour. What is right with 'Bayes net methods' and what is wrong with 'hunting causes and using them'?. *The British Journal for the Philosophy of Science*, 61(1), pp. 161–211, 2010.

[25] C. W. J. Granger. Investigating causal relations by econometric models and cross-spectral methods. *Econometrica*, 37(3), pp. 424–438, 1969.

[26] R. Henao and O. Winther. Sparse linear identifiable multivariate modeling. *Journal of Machine Learning Research*, 12, pp. 863–905, 2011.

[27] T. Henry and K. Gates. Causal search procedures for fMRI: review and suggestions. *Behaviormetrika*, 44, pp. 193–225, 2017.

[28] J. Himberg, A. Hyvärinen and F. Esposito. Validating the independent components of neuroimaging timeseries via clustering and visualization. *Neuroimage*, 22, pp. 1214–1222, 2004.

[29] P. W. Holland. Statistics and causal inference. *Journal of the American Statistical Association*, vol. 81, pp. 945–960, 1986.

[30] 星野崇宏. 調査観察データの統計科学——因果推論・選択バイアス・データ融合. 岩波書店, 2009.

[31] P. O. Hoyer and A. Hyttinen. Bayesian discovery of linear acyclic causal models. In *Proc. 25th Conference on Uncertainty in Artificial Intelligence*, pp. 240–248, 2009.

[32] P. O. Hoyer, A. Hyvärinen, R. Scheines, P. Spirtes, J. Ramsey, G. Lacerda and S. Shimizu. Causal discovery of linear acyclic

models with arbitrary distributions. In *Proc. 24th Conference on Uncertainty in Artificial Intelligence*, pp. 282–289, 2008.

[33] P. O. Hoyer, D. Janzing, J. Mooij, J. Peters and B. Schölkopf. Nonlinear causal discovery with additive noise models. In *Advances in Neural Information Processing Systems 21*, pp. 689–696, 2009.

[34] P. O. Hoyer, S. Shimizu, A. Hyvärinen, Y. Kano, and A. Kerminen. New permutation algorithms for causal discovery using ICA. In *Proc. International Conference on Independent Component Analysis and Blind Signal Separation, Charleston*, pp. 115–122, 2006.

[35] P. O. Hoyer, S. Shimizu, A. J. Kerminen and M. Palviainen. Estimation of causal effects using linear non-Gaussian causal models with hidden variables. *International Journal of Approximate Reasoning*, 49(2), pp. 362–378, 2008.

[36] B. Huang, K. Zhang and B. Schölkopf. Identification of time-dependent causal model: A gaussian process treatment. In *Proc. 24th International Joint Conference on Artificial Intelligence*, pp. 3561–3568, 2015.

[37] D. Hurley, H. Araki, Y. Tamada, B. Dunmore, D. Sanders, S. Humphreys, M. Affara, S. Imoto, K. Yasuda, Y. Tomiyasu, K. Tashiro, C. Savoie, V. Cho, S. Smith, S. Kuhara, S. Miyano, D. S. Charnock-Jones, E. J. Crampin and C. G. Print. Gene network inference and visualization tools for biologists: Application to new human transcriptome datasets. *Nucleic Acids Research*, 40(6), pp. 2377–2398, 2012.

[38] A. Hyttinen, F. Eberhardt and M. Järvisalo. Constraint-based causal discovery: Conflict resolution with answer set programming. In *Proc. 30th Conference on Uncertainty in Artificial Intelligence*, pp. 340–349, 2014.

[39] A. Hyvärinen. New approximations of differential entropy for independent component analysis and projection pursuit. In *Advances*

in Neural Information Processing Systems 10, pp. 273–279, 1998.

[40] A. Hyvärinen. Fast and robust fixed-point algorithms for independent component analysis. *IEEE Transactions on Neural Networks*, 10, pp. 626–634, 1999.

[41] A. Hyvärinen. Independent component analysis: Recent advances. *Philosophical Transactions of the Royal Society A: Mathematical, Physical and Engineering Sciences*, 371, 20110534, 2013.

[42] A. Hyvärinen, J. Karhunen and E. Oja. *Independent component analysis*. Wiley, 2001.

[43] A. Hyvärinen and S. M. Smith. Pairwise likelihood ratios for estimation of non-Gaussian structural equation models. *Journal of Machine Learning Research*, 14, pp. 111–152, 2013.

[44] A. Hyvärinen, K. Zhang, S. Shimizu and P. O. Hoyer. Estimation of a structural vector autoregression model using non-Gaussianity. *Journal of Machine Learning Research*, 11, pp. 1709–1731, 2010.

[45] G. W. Imbens and D. B. Rubin. *Causal inference for statistics, social, and biomedical sciences*. Cambridge University Press, 2015.

[46] T. Inazumi, T. Washio, S. Shimizu, J. Suzuki, A. Yamamoto and Y. Kawahara. Discovering causal structures in binary exclusive-or skew acyclic models. In *Proc. 27th Conference on Uncertainty in Artificial Intelligence*, pp. 373–382, 2011.

[47] C. Jutten and J. Herault. Blind separation of sources, part I: An adaptive algorithm based on neuromimetic architecture. *Signal Processing*, 24(1), pp. 1–10, 1991.

[48] Y. Kaneita, T. Ohida, Y. Osaki, T. Tanihata, M. Minowa, K. Suzuki, K. Wada, H. Kanda and K. Hayashi. Association between mental health status and sleep status among adolescents in japan: a nationwide cross-sectional survey. *The Journal of Clinical Psychiatry*, 68(9), pp. 1426–1435, 2007.

[49] R. E. Kass and A. E. Raftery. Bayes factors. *Journal of the Amer-*

ican Statistical Association, 90(430), pp. 773–795, 1995.

[50] Y. Kawahara, S. Shimizu and T. Washio. Analyzing relationships among ARMA processes based on non-Gaussianity of external influences. *Neurocomputing*, 74(12–13), pp. 2212–2221, 2011.

[51] Y. Komatsu, S. Shimizu and H. Shimodaira. Assessing statistical reliability of LiNGAM via multiscale bootstrap. In *Proc. 20th International Conference on Artificial Neural Networks*, pp. 309–314, 2010.

[52] S. Konishi and G. Kitagawa. *Information criteria and statistical modeling*. Springer-Verlag, 2008.

[53] H. W. Kuhn. The Hungarian method for the assignment problem. *Naval Research Logistics*, 2, pp. 83–97, 1955.

[54] G. Lacerda, P. Spirtes, J. Ramsey and P. O. Hoyer. Discovering cyclic causal models by independent components analysis. In *Proc. 24th Conference on Uncertainty in Artificial Intelligence*, pp. 366–374, 2008.

[55] S.-Y. Lee, W.-Y. Poon and P. Bentler. Covariance and correlation structure analyses with continuous and polytomous variables. *Lecture Notes-Monograph Series*, 24, pp. 347–358, 1994.

[56] M. S. Lewicki and T. J. Sejnowski. Learning overcomplete representations. *Neural Computation*, 12(2), pp. 337–365, 2000.

[57] S. Ma and A. Statnikov. Methods for computational causal discovery in biomedicine. *Behaviormetrika*, 44, pp. 165–191, 2017.

[58] M. H. Maathuis, D. Colombo, M. Kalisch and P. Bühlmann. Predicting causal effects in large-scale systems from observational data. *Nature Methods*, 7(4), pp. 247–248, 2010.

[59] D. Malinsky and P. Spirtes. Estimating causal effects with ancestral graph markov models. In *Proc. 8th International Conference on Probabilistic Graphical Models*, pp. 299–309, 2016.

[60] P. Maurage, A. Heeren and M. Pesenti. Does chocolate con-

sumption really boost Nobel award chances? The peril of overinterpreting correlations in health studies. *Journal of Nutrition*, 143(6), pp. 931–933, 2013.

[61] F. H. Messerli. Chocolate consumption, cognitive function, and Nobel laureates. *New England Journal of Medicine*, 367, pp. 1562–1564, 2012.

[62] T. Micceri. The unicorn, the normal curve, and other improbable creatures. *Psychological Bulletin*, 105(1), pp. 156–166, 1989.

[63] 宮川雅巳．統計的因果推論――回帰分析の新しい枠組み．朝倉書店，2004.

[64] A. Moneta, D. Entner, P. O. Hoyer and A. Coad. Causal inference by independent component analysis: Theory and applications. *Oxford Bulletin of Economics and Statistics*, 75(5), pp. 705–730, 2013.

[65] J. M. Mooij, D. Janzing, T. Heskes and B. Schölkopf. On causal discovery with cyclic additive noise models. In *Advances in Neural Information Processing Systems 24*, pp. 639–647, 2011.

[66] A. Mooijaart. Factor analysis for non-normal variables. *Psychometrika*, 50, pp. 323–342, 1985.

[67] 村田昇．入門 独立成分分析．東京電機大学出版局，2004.

[68] J. Neyman. *Sur les applications de la thar des probabilites aux experiences Agaricales: Essay des principle*. 1923. English translation of excerpts by D. M. Dabrowska and T. P. Speed. *Statistical Science*, 5, pp. 465–472, 1990.

[69] G. Park and G. Raskutti. Learning large-scale poisson DAG models based on overdispersion scoring. In *Advances in Neural Information Processing Systems*, pp. 631–639, 2015.

[70] J. Pearl. Causal diagrams for empirical research. *Biometrika*, 82(4), pp. 669–688, 1995.

[71] J. Pearl, *Causality: Models, Reasoning, and Inference*. Cambridge

University Press, 2000. (2nd ed. 2009)（黒木学（訳）．統計的因果推論—モデル・推論・推測，共立出版，2009）．

[72] J. Pearl and T. Verma. A theory of inferred causation. In *Proc. 2nd International Conference on Principles of Knowledge Representation and Reasoning*, pp. 441–452, Morgan Kaufmann, 1991.

[73] T. H. Pedersen, O. B. Nielsen, G. D. Lamb and D. G. Stephenson. Intracellular acidosis enhances the excitability of working muscle. *Science*, 305(5687), pp. 1144–1147, 2004.

[74] D. Pe'er and N. Hacohen. Principles and strategies for developing network models in cancer. *Cell*, 144, pp. 864–873, 2011.

[75] J. Peters, D. Janzing, and B. Schölkopf. Causal inference on discrete data using additive noise models. *IEEE Transactions on Pattern Analysis and Machine Intelligence*, 33(12), pp. 2436–2450, 2011.

[76] J. Peters, D. Janzing and B. Schölkopf. Causal inference on time series using restricted structural equation models. In *Advances in Neural Information Processing Systems 26*, pp. 154–162, 2013.

[77] J. Peters, J. M. Mooij. D. Janzing, and B. Schölkopf. Identifiability of causal graphs using functional models. In *Proc. 27th Conference on Uncertainty in Artificial Intelligence*, pp. 589–598, 2011.

[78] O. T. Raitakari, M. Juonala, T. Rönnemaa, L. Keltikangas-Järvinen, L. Räsänen, M. Pietikäinen, N. Hutri-Kähönen, L. Taittonen, E. Jokinen, J. Marniemi, A. Jula, R. Telama, M. Kähönen, T. Lehtimäki, H. K. Åkerblom and J. S. Viikari. Cohort profile: The cardiovascular risk in young finns study. *International journal of Epidemiology*, 37(6), pp. 1220–1226, 2008.

[79] J. D. Ramsey, S. J. Hanson and C. Glymour. Multi-subject search correctly identifies causal connections and most causal directions in the DCM models of the smith et al. simulation study. *NeuroImage*, 58(3), pp. 838–848, 2011.

[80] T. Richardson. A polynomial-time algorithm for deciding Markov equivalence of directed cyclic graphical models. In *Proc. 12th Conference on Uncertainty in Artificial Intelligence*, pp. 462–469, 1996.

[81] T. Rosenström, M. Jokela, S. Puttonen, M. Hintsanen, L. Pulkki-Råback, J. S. Viikari, O. T. Raitakari and L. Keltikangas-Järvinen. Pairwise measures of causal direction in the epidemiology of sleep problems and depression. *PLoS One*, 7(11), e50841, 2012.

[82] D. B. Rubin. Estimating causal effects of treatments in randomized and nonrandomized studies. *Journal of Educational Psychology*, 66, pp. 688–701, 1974.

[83] R. Scheines, P. Spirtes, C. Glymour, C. Meek and T. Richardson. The TETRAD project: Constraint based aids to causal model specification. *Multivariate Behavioral Research*, 33(1), pp. 65–117, 1998.

[84] G. Schwarz. Estimating the dimension of a model. *The Annals of Statistics*, 6(2), pp. 461–464, 1978.

[85] S. Shimizu. LiNGAM: Non-Gaussian methods for estimating causal structures. *Behaviormetrika*, 41(1), pp. 65–98, 2014.

[86] S. Shimizu. Non-Gaussian structural equation models for causal discovery. In *Statistics and Causality: Methods for Applied Empirical Research*, pp. 153–184, Wiley, 2016.

[87] S. Shimizu and K. Bollen. Bayesian estimation of causal direction in acyclic structural equation models with individual-specific confounder variables and non-Gaussian distributions. *Journal of Machine Learning Research*, 15, pp. 2629–2652, 2014.

[88] S. Shimizu, P. O. Hoyer, A. Hyvärinen and A. Kerminen. A linear non-Gaussian acyclic model for causal discovery. *Journal of Machine Learning Research*, 7, pp. 2003–2030, 2006.

[89] S. Shimizu, T. Inazumi, Y. Sogawa, A. Hyvärinen, Y. Kawahara, T. Washio, P. O. Hoyer and K. Bollen. DirectLiNGAM: A direct method for learning a linear non-Gaussian structural equation model. *Journal of Machine Learning Research*, 12, pp. 1225–1248, 2011.

[90] S. Shimizu and Y. Kano. Use of non-normality in structural equation modeling: Application to direction of causation. *Journal of Statistical Planning and Inference*, 138, pp. 3483–3491, 2008.

[91] I. Shpitser and J. Pearl. Complete identification methods for the causal hierarchy. *Journal of Machine Learning Research*, vol. 9, pp. 1941–1979, 2008.

[92] W. P. Skitovitch. On a property of the normal distribution. *Doklady Akademii Nauk SSSR*, 89, pp. 217–219, 1953.

[93] S. M. Smith. The future of FMRI connectivity. *NeuroImage*, 62(2), pp. 1257–1266, 2012.

[94] S. M. Smith, K. L. Miller, G. Salimi-Khorshidi, M. Webster, C. F. Beckmann, T. E. Nichols, J. O. Ramsey and M. W. Woolrich. Network modelling methods for FMRI. *NeuroImage*, 54(2), pp. 875–891, 2011.

[95] Y. Sogawa, S. Shimizu, T. Shimamura, A. Hyvärinen, T. Washio and S. Imoto. Estimating exogenous variables in data with more variables than observations. *Neural Networks*, 24(8), pp. 875–880, 2011.

[96] P. Spirtes and C. Glymour. An algorithm for fast recovery of sparse causal graphs. *Social Science Computer Review*, 9, pp. 67–72, 1991.

[97] P. Spirtes, C. Glymour and R. Scheines. *Causation, prediction, and search (2nd ed.)*. The MIT Press, 2000.

[98] P. Spirtes, C. Meek and T. Richardson. Causal inference in the presence of latent variables and selection bias. In *Proc. 11th An-*

nual Conference on Uncertainty in Artificial Intelligence, pp. 491–506, 1995.

[99] P. Spirtes and J. Zhang. A uniformly consistent estimator of causal effects under the k-triangle-faithfulness assumption. *Statistical Science*, 29(4), pp. 662–678, 2014.

[100] N. R. Swanson and C. W. J. Granger. Impulse response functions based on a causal approach to residual orthogonalization in vector autoregressions. *Journal of the American Statistical Association*, 92(437), pp. 357–367, 1997.

[101] A. Taleb and C. Jutten. Source separation in post-nonlinear mixtures. *IEEE Transactions on Signal Processing*, vol. 47, no. 10, pp. 2807–2820, 1999.

[102] T. Tashiro, S. Shimizu, A. Hyvärinen and T. Washio. ParceLINGAM: A causal ordering method robust against latent confounders. *Neural computation*, 26(1), pp. 57–83, 2014.

[103] K. Thamvitayakul, S. Shimizu, T. Ueno, T. Washio and T. Tashiro. Bootstrap confidence intervals in DirectLiNGAM. In *Proc. 2012 IEEE 12th International Conference on Data Mining Workshops*, pp. 659–668, IEEE, 2012.

[104] R. Tibshirani. Regression shrinkage and selection via the Lasso. *Journal of Royal Statistical Society: Series B*, 58(1), pp. 267–288, 1996.

[105] R. E. Tillman, A. Gretton and P. Spirtes. Nonlinear directed acyclic structure learning with weakly additive noise models. In *Advances in Neural Information Processing Systems 22*, pp. 1847–1855, 2010.

[106] I. Tsamardinos, L. E. Brown and C. F. Aliferis. The max-min hill-climbing bayesian network structure learning algorithm. *Machine learning*, 65(1), pp. 31–78, 2006.

[107] W. Wiedermann, M. Hagmann and A. von Eye. Significance tests

to determine the direction of effects in linear regression models. *British Journal of Mathematical and Statistical Psychology*, 68(1), pp. 116–141, 2014.

[108] K. Zhang and L.-W. Chan. ICA with sparse connections. In *Proc. 7th International Conference on Intelligent Data Engineering and Automated Learning*, pp. 530–537, 2006.

[109] K. Zhang and A. Hyvärinen. On the identifiability of the post-nonlinear causal model. In *Proc. 25th Conference on Uncertainty in Artificial Intelligence*, pp. 647–655, 2009.

[110] K. Zhang and A. Hyvärinen. Nonlinear functional causal models for distinguishing causes form effect. In *Statistics and Causality: Methods for Applied Empirical Research*, Wiley, 2016.

[111] H. Zou. The adaptive Lasso and its oracle properties. *Journal of the American Statistical Association*, 101, pp. 1418–1429, 2006.

索 引

数字・欧文・記号

do ———————————— 27
GES アルゴリズム (greedy equivalence search, GES algorithm) ———— 81
LiNGAM アプローチ (LiNGAM approach) ———————————— 53, 84
LiNGAM モデル (linear non-Gaussian acyclic model, LiNGAM) ——— 87, 95
PC アルゴリズム (Peter and Clark, PC algorithm) ———————————— 80

あ行

一般化ガウス分布 (generalized Gaussian distribution) ———————— 143
一般化線形モデル (generalized linear model) ———————————— 161
因果グラフ (causal graph) ———— 5, 25
因果効果 (causal effect) ————————— 5
因果推論の根本問題 (fundamental problem of causal inference) ———— 20
因果的順序 (causal order) ———————— 96
因果的マルコフ条件 (causal Markov condition) ———————————— 74
枝刈り (pruning) ———————————— 110
親 (parent) ———————————————— 62

か行

回帰分析 (regression analysis) ———— 112
外生変数 (exogenous variable) ——— 24, 127
階層ベイズモデル (hierarchical Bayes model) ———————————— 140
介入 (intervention) ———————————— 27
ガウス分布 (Gaussian distribution) ——— 12
仮定の選択 (selection of assumptions) —— 57
加法誤差モデル (additive noise model, ANM) ———————————— 161
観測変数 (observed variable) ——————— 5
擬似相関 (spurious correlation) ————— 7
共通原因 (common cause) ———————— 6
厳密な下三角行列 ———————————— 98
子 (child) ———————————————— 62
構造的因果モデル (structural causal model) 27
構造方程式 (structural equation) ——— 23
構造方程式モデル (structural equation models) ———————————— 22, 88
誤差変数 (error variable) ———————— 8
個体レベルの因果 (unit-level causation) — 16
混合行列 (mixing matrix) ——————— 89
混合モデル (mixed model) ——————— 140

さ行

残差 (residual) ———————————— 115

GES アルゴリズム (greedy equivalence search, GES algorithm) ── 81
識別可能性 (identifiability) ── 57
時系列モデル (time series model) ── 157
自己回帰モデル (autoregressive model) ── 159
子孫 (descendant) ── 63
実質科学 (substantial science) ── 15
充足可能性問題 (satisfiability problem, SAT) ── 80
集団レベルの因果 (population-level causation) ── 20
巡回モデル (cyclic model) ── 153
情報量規準 (information criterion) ── 110
自律性 (autonomy) ── 50
自律性の仮定 (autonomy assumption) ── 28
スコアに基づくアプローチ (score-based approach) ── 81
スパース独立成分分析 (sparse independent component analysis) ── 123
制約に基づくアプローチ (constraint-based approach) ── 80
説明 (explanation) ── 37
セミパラメトリックアプローチ (semi-parametric approach) ── 53, 84, 95, 128
潜在反応モデル (potential outcome model) 40
相互情報量 (mutual information) ── 93
祖先 (ancestor) ── 63

た行

対数事後確率 (log posterior probability) 141
対数周辺尤度 (log marginal likelihood) ── 140
ダルモア・スキットビッチの定理 (Darmois-Skitovich theorem) ── 114
中間変数 (intermediate variable) ── 73
忠実性 (faithfulness) ── 76
データ生成過程 (data generating process) ── 7, 88
適応型 Lasso(adaptive Lasso) ── 110
統計的因果推論 (causal inference) ── v, 2
統計的因果探索 (causal discovery) ── v, 2, 45
独立性の評価 (examination of independence) ── 112
独立成分 (independent component) ── 88
独立成分分析 (independent component analysis, ICA) ── 87, 106, 131

な行

内生変数 (endogenous variable) ── 24
ノーベル賞の受賞者数とチョコレートの消費量 ── 1
ノンパラメトリックアプローチ (non-parametric approach) ── 51, 74, 128

は行

パラメトリックアプローチ (parametric approach) ── 52, 81, 128
反事実モデル (counterfactual model) ── 16

PC アルゴリズム (Peter and Clark, PC algorithm) ——— 80
非子孫 (non-descendant) ——— 63
ブートストラップ法 (bootstrap method) ——— 136, 163
復元行列 (demixing matrix) ——— 93
平均因果効果 (average causal effect) ——— 31
平均総合効果 (average total effect) ——— 68
平均直接効果 (average direct effect) ——— 68
ベイズ因子 (Bayes factor) ——— 147
ベイズ情報量規準 (Bayesian information criterion, BIC) ——— 81, 110
閉路 (cycle) ——— 60
方法論 (methodology) ——— 15
ポスト非線形因果モデル (post-nonlinear causal model, PNL) ——— 160

ま行

マルコフ同値類 (Markov equivalence class) 78

未観測共通原因 (hidden common cause) ——— 6, 126
未観測共通原因がある場合の LiNGAM モデル (LiNGAM model with hidden common causes) ——— 128
未観測変数 (unobserved variable) ——— 5
無作為化実験 (randomized experiment) ——— 40

や行

有向巡回グラフ (directed cyclic graph) ——— 60
有向道 (directed path) ——— 96
有向非巡回グラフ (directed acyclic graph) 60

ら行

ランダム化 (randomization) ——— 165
ランダム化実験 (randomized experiment) 40
LiNGAM アプローチ (LiNGAM approach) ——— 53, 84
LiNGAM モデル (linear non-Gaussian acyclic model, LiNGAM) ——— 87, 95

著者紹介

清水　昌平　博士（工学）
2001 年　大阪大学人間科学部卒業
2006 年　大阪大学大学院基礎工学研究科博士後期課程修了
現　　在　滋賀大学データサイエンス学系 教授
　　　　　理化学研究所革新知能統合研究センター因果推論チーム
　　　　　チームリーダー

NDC007　191p　21cm

機械学習プロフェッショナルシリーズ
統計的因果探索

2017 年 5 月 24 日　第 1 刷発行
2022 年 6 月 2 日　第 6 刷発行

著　者　清水　昌平
発行者　髙橋明男
発行所　株式会社　講談社
　　　　〒 112-8001　東京都文京区音羽 2-12-21
　　　　　販売　(03)5395-4415
　　　　　業務　(03)5395-3615
編　集　株式会社　講談社サイエンティフィク
　　　　代表　堀越俊一
　　　　〒 162-0825　東京都新宿区神楽坂 2-14　ノービィビル
　　　　　編集　(03)3235-3701
本文データ制作　藤原印刷株式会社
印刷・製本　株式会社KPSプロダクツ

落丁本・乱丁本は、購入書店名を明記のうえ、講談社業務宛にお送りください。送料小社負担にてお取替えします。なお、この本の内容についてのお問い合わせは、講談社サイエンティフィク宛にお願いいたします。定価はカバーに表示してあります。

Ⓒ Shohei Shimizu, 2017

本書のコピー、スキャン、デジタル化等の無断複製は著作権法上での例外を除き禁じられています。本書を代行業者等の第三者に依頼してスキャンやデジタル化することはたとえ個人や家庭内の利用でも著作権法違反です。

JCOPY　〈(社) 出版者著作権管理機構 委託出版物〉

複写される場合は、その都度事前に (社) 出版者著作権管理機構 (電話 03-5244-5088、FAX 03-5244-5089、e-mail: info@jcopy.or.jp) の許諾を得てください。

Printed in Japan

ISBN 978-4-06-152925-0